Gardner para aficionados

Juegos de matemática recreativa

Coordinado por **Fernando Blasco**

b i b l i o t e c a
ESTÍMULOS **MATEMÁTICOS**

Real Sociedad Matemática Española

SM

Dirección del proyecto: Adolfo Sillóniz

Diseño: Dirección de Arte Corporativa de SM

Edición: Fernando Barbero

Corrección: Ricardo Ramírez

Ilustración: Jacinto Rodríguez Montoro

Fotografía: Montse Fontich / Archivo Sm; Mercedes Sánchez Benito; Antonio Pérez Sanz; Josep Lluís Pol i Llompart; Juan M.R. Parrondo; Natalia de Lucas Alonso; Marco Castrillón; Nelo Alberto Maestre Blanco; Bartolo Luque; David Martín de Diego; Marta Macho Stadler; Harvest Records; M.C. Escher´s Print Gallery © 2017 The M.C. Escher Company-The Netherlands. All rights reserved. www.mcescher.com; Lisa Norwood / Wikipedia; 123RF; Shutterstock; iStock; Album; Fernando Blasco; Luis Hernández Corbato; Archivo SM.

Revisión científica: Fernando Barbero, Luis Hernández Corbato y Fernando Blasco

Editor General de la Real Sociedad Matemática Española: Alberto Ibort

Responsable de la Real Sociedad Matemática Española de la colección: Luis Hernández Corbato

ISBN: 978-84-675-8289-5

Depósito legal: M-17490-2015

Impreso en España / *Printed in Spain*

Índice

Presentación

Pensemos en una vaca. Una vaca no tiene la misma destreza en resolución de problemas que un chimpancé, que ha descubierto cómo puede sacar termitas del suelo metiendo un palo en un agujero. La evolución ha desarrollado la capacidad cerebral para resolver rompecabezas, y al mismo tiempo ha producido en nuestro cerebro el placer de resolver problemas.

Martin Gardner

Cuando hace unos años pedimos a algunos compañeros participar en un libro dedicado a Martin Gardner, ninguno declinó la invitación. Los que nos dedicamos a la matemática recreativa nos hemos iniciado con sus escritos y aún hoy seguimos bebiendo de esa fuente que es Gardner. Decidimos, en su día, hacer dos volúmenes con las contribuciones recibidas y en tus manos tienes el segundo: *Gardner para aficionados*. El anterior, *Gardner para principiantes*, publicado en 2014 en esta misma colección coincidiendo con el centenario del homenajeado, se está convirtiendo en un referente.

Este volumen se ha compuesto con la misma ilusión, queriendo continuar ese trabajo bien hecho. Ni el título de estos volúmenes está elegido al azar, ni tampoco los contenidos que encontraremos en ellos. Gardner, periodista de profesión pero científico de afición, alternaba columnas sencillas con otras de mayor complejidad en su sección de "Juegos matemáticos" en *Scientific American*. Nosotros hemos querido emularle, dejando para este libro no los artículos con mayor dificultad matemática sino aquellos que se iban a comprender mejor tras conocer de antemano a Martin Gardner.

En esta ocasión no voy a presentar a Gardner y su obra, puesto que ya está hecho en el volumen anterior. Sin embargo, creo que es justo dar a conocer a los catorce autores que, desinteresada y entusiastamente, participan en este libro. Todos ellos son grandes divulgadores, y podemos aprender mucho de ellos.

Recordemos, para los nuevos lectores, que Gardner era capaz de aunar las humanidades y las matemáticas y eso lo encontramos también aquí: el primer capítulo está escrito por una persona que ha batido todos los récords en cuanto a la divulgación de las matemáticas en nuestra lengua. Adrián Paenza es, como Gardner, periodista, pero es además doctor en Matemática. En su biografía se indica que es autor de más de una docena de libros, lo que no se dice es que, por expreso deseo de Adrián, con el fin de conseguir que la matemática llegue a todas partes, sus obras siempre están disponibles en abierto en su página web.

Mientras Luis Hernández, actual director de esta colección de Estímulos Matemáticos, y yo, estábamos trabajando en la edición de este libro, coincidió que Adrián Paenza estaba de paso por Madrid y pudimos pasar una mañana con él. Lo cierto es que fue totalmente inspirador y entusiasta. Esperamos que también el lector tenga una sensación similar tras leer el primer capítulo de este libro.

Hablamos de matemáticas, de comunicación, de la relación entre ciencias y humanidades, de Martin Gardner, de problemas, de fútbol y de baloncesto. En definitiva, hablamos de la vida, igual que hacía Martin. Y, en una de esas conversaciones, apareció un nombre: el de Eduardo Sáenz de Cabezón. Adrián nos dijo que le había encantado su forma de actuar y de transmitir las ideas matemáticas. Luis y yo le dijimos que también era uno de los autores que participan en este libro.

Eduardo aúna asimismo la matemática con el arte, en su caso concreto con el guion y la interpretación a través de monólogos científicos, aunque su labor divulgativa no se reduce a eso: es además autor de libros, *youtuber*, ponente en numerosos congresos, participa en televisión y radio y es capaz de llegar a muchos tipos de públicos distintos. Estoy seguro de que Martin y Eduardo, en el caso de haberse llegado a encontrar, habrían tenido conversaciones muy interesantes, tanto de lo divino como de lo humano.

Puede que el resto de autores no sean tan conocidos para el gran público hoy como Adrián y Eduardo, pero todos realizan una encomiable labor divulgativa que, a veces, pasa desapercibida. Mercedes Sánchez es una de las personas "que siempre han estado ahí". Nunca se lo he preguntado, pero puede que tuviera que ver incluso con mi primer contacto con Gardner, a través de *Carnaval matemático*, puesto que me lo regalaron en un concurso de resolución de problemas y ella colabora en esa importante labor desde hace muchos años.

El fomento de las vocaciones matemáticas es el sustrato sobre el que se cimenta la divulgación de esta ciencia: Marco Castrillón, Nelo Maestre, Vicente Muñoz y Luis Hernández han sido "olímpicos" y ahora se dedican profesionalmente a las matemáticas. Marco, Vicente y Luis son investigadores punteros pero, entre teorema y teorema, dedican mucho tiempo a la difusión de las matemáticas, mientras que Nelo ha creado su propia empresa de divulgación. A veces escribiendo, a veces dando conferencias y en ocasiones enseñando: todos ellos han participado en el proyecto ESTALMAT de estímulo del talento matemático (que es uno de los objetivos de esta colección de libros de la Real Sociedad Matemática Española [RSME]). Con Marco y Nelo (y Ángeles Prieto) cada año organizamos el *Martin Gardner Celebration of Mind* de Madrid, y Vicente fue ponente en la primera edición.

Al igual que Merche, Antonio Pérez es otra de las personas que han divulgado las matemáticas "desde siempre", al menos desde mi punto de vista. En cierto modo puede considerarse un "Martin Gardner" español. Muchos leíamos a Gardner pero veíamos a Antonio en televisión. Ahora hay mucha telebasura, pero antes tampoco era fácil acceder a ese medio, de ahí su mérito. La televisión no es el único formato en el que ha trabajado: también ha escrito libros para públicos de diferentes edades y ha dirigido colecciones de obras de divulgación.

Pep Lluís Pol y Natalia de Lucas son dos profesores que, cada uno en su ciudad de referencia, organizan multitud de eventos divulgativos. Ninguno de ellos para. Uno de los más polémicos escritos de Martin Gardner es en el que describe el libro *Ars Combinatoria* de Ramon Llull, en el que Gardner critica bastante al erudito mallorquín. Si hubiera conocido las actividades de divulgación matemática que realizan en la isla habría tenido un punto de vista muy sorprendente.

El artículo que se presenta en este libro tiene que ver con dominós y fracciones, pero aconsejo a los lectores que visiten Palma cerca del solsticio de invierno. Allí podrán ver un efecto matemático-astronómico en la catedral. Y, como muchas cosas, se ha descubierto por casualidad. Parece obvio que se hizo con intención por el arquitecto, pero hasta hace unos años se había olvidado. Estoy seguro de que Gardner, de haberlo conocido, habría escrito sobre ello. En otro orden de cosas, la papiroflexia es el origen de la colaboración de Gardner con *Scientific American* y un tema recurrente en sus escritos. Natalia ha realizado exposiciones de papiroflexia en bibliotecas y centros culturales y siempre que puede lleva las matemáticas a contextos en los que no son habituales.

Juan M. R. Parrondo escribió la columna de "Juegos matemáticos" para *Investigación y Ciencia*, tarea que ahora lleva a cabo Bartolo Luque. Ellos han continuado la labor que empezó Gardner hace ahora 60 años. Y han conseguido que esa columna de divulgación matemática sea un referente en la revista. Un conocido libro de Martin Gardner es *¡Ajá! Paradojas que hacen pensar*. No aparece la "paradoja de Parrondo" porque es posterior al libro, pero en cualquier caso resulta sorprendente conocer a alguien que da nombre a un hecho muy citado en la literatura científica: cómo la combinación de dos juegos perdedores da como resultado un juego ganador.

Bartolo es un prolífico autor que escribe tanto divulgación como artículos de investigación en prestigiosas revistas. Se pueden decir muchas cosas de él, pero quizá lo que más le define como *gardneriano* es un consejo que me dio: "De todo el trabajo, procura hacer el que te proporcione placer". Y preparar este libro con este elenco de autores me lo ha proporcionado.

En marzo de 1981 la portada de *Scientific American* estuvo dedicada al cubo de Rubik. En ese momento tenía dos añitos Carlos Angosto, que después ha sido campeón de España en la resolución de ese rompecabezas que trae de cabeza a muchos pero levanta las pasiones de otros. Podría utilizarse como símil de lo que ocurre con las matemáticas: imposibles para algunos, pero apasionantes para los que las descubren verdaderamente. El artículo que nos presenta aquí no tiene que ver con esa especialidad, pero da muestra de su afición por la resolución de puzles, problemas y acertijos.

Solo queda referirme a dos personas, incansables investigadores y divulgadores. Marta Macho es capaz de venir corriendo a dar una charla a Madrid sobre Martin Gardner y levantarse a las cinco de la mañana para llegar a tiempo a Bilbao a dar clase. No tengo muy claro cuál es la definición de *cultura* (lo acabo de buscar y he encontrado "excelencia en el gusto por las bellas artes y las humanidades") pero tengo claro que, si me piden que piense en una persona culta, me viene a la cabeza Marta. Es buena matemática, topóloga, pero sabe de muchísimas otras cosas: música, literatura, arte, etc. Además es una gran defensora de causas sociales y, en concreto, reivindica el papel que desempeñan las mujeres en la ciencia y que muchas veces ha estado olvidado. No sé cómo consigue estirar los días para que le cundan tanto, me da muchísima envidia. También es muy similar a Gardner y tenemos mucho que aprender de ella.

David Martín es investigador del Consejo Superior de Investigaciones Científicas (CSIC) y en este momento es subdirector del Instituto de Ciencias Matemáticas (ICMAT) y vicepresidente de la RSME. A pesar de su labor de investigación y de gestión, encuentra siempre un lugar para la divulgación y la cultura científica; a veces como protagonista y otras desde un segundo plano, es responsable de muchas actividades de divulgación. Pero si todo ese currículum no es suficiente, hay otra cosa que tengo que decir: ambos somos del mismo pueblo.

Ya hemos presentado a todos los actores de esta obra, menos a uno, el más importante. Pero ese no necesita presentación. Tú, lector, ya te conoces. Y, sí, eres un actor en esta obra porque no tienes que ser un lector pasivo. Esperamos que disfrutes con los juegos y pasatiempos que se proponen aquí. Y que si encuentras errores o sugerencias de mejora nos lo comuniques, del mismo modo que hacían los lectores de Martin Gardner. Y, sobre todo, que dentro de algunos años sigas disfrutando con la obra de Gardner y tú contribuyas a crear juegos y pasatiempos similares a los suyos.

Fernando Blasco,

Profesor de Matemática Aplicada en la Universidad Politécnica de Madrid.

Capítulo 1

Una vuelta de tuerca a problemas de Martin Gardner

Adrián Paenza

Martin Gardner nació y murió en Estados Unidos, en el estado de Oklahoma, en Tulsa y Norman, respectivamente, y vivió 96 años (desde octubre de 1914 hasta mayo de 2010). Fue el más prolífico y brillante escritor y difusor de la matemática recreativa en el mundo. Es considerado como el verdadero 'gurú' de la especialidad. Las columnas que escribió durante 25 años en la revista *Scientific American* ("Mathematical Games", o sea, "Juegos matemáticos") han sido inspiradoras de todos los que de una u otra forma hemos intentado seguir por el camino que él abrió, los surcos que él creó y que nosotros solo tratamos de mantener vivos y activos. Puede que en el futuro aparezca alguien como él (¿por qué no?), pero ciertamente, la historia mundial muestra que, hasta aquí, hay uno solo que ha logrado respirar el oxígeno que hay en las alturas a las que él llegó: ¡él y nadie más!

Creo que la mejor manera de recordarlo es a través de historias que hubiera escrito el propio Gardner, o que si bien no son de su autoría, debieron o pudieron serlas. Sería algo así como un equivalente de lo que significa el libro *Proofs from THE BOOK*[1].

Aspiro a que los problemas que siguen apunten en esa dirección y, sobre todo, que sirvan para que usted... sí, *usted,* pueda entretenerse y disfrutar *pensando...*

Mi gratitud eterna para los editores de esta antología, quienes han tenido la generosidad de invitarme a participar. Acá voy.

La mujer, el marido, el tren y la estación

El siguiente problema fue seleccionado por Martin Gardner como uno de los que más le gustó por su sencillez y profundidad. Lo descubrí leyendo alguno de sus textos en una pequeña librería en Nueva York, en el Village. No sé si aún existe la librería, pero sí sé que los libros no estaban agrupados ni por autores ni por temas, sino por el título, idea original pero que hacía muy complicado encontrar lo que uno buscaba..., claro,

---

1 *Proofs from THE BOOK* [1], es un libro editado por Martin Aigner y Günter M. Ziegler, sobre las pruebas más bonitas, sencillas, elegantes y austeras que se conocen de algunos teoremas matemáticos. Está dedicado a la memoria del matemático húngaro Paul Erdős, quien llamaba *The Book* al libro en que, según él, Dios guarda la demostración más elegante de cada teorema. Está traducido al español con el título *El libro de las demostraciones*, Editorial Nivola, 2005.

siempre y cuando uno buscara algo. Sin embargo, en el camino, ofrecía a quien es un lector tan tendencioso en su búsqueda (yo) un panorama sobre la literatura general con el que nunca me tropezaría si no fuera *forzado* a hacerlo. Es por eso que quiero enfatizar que, en todo caso, yo no buscaba encontrarme con este texto que quiero compartir acá.

Me permito hacerle una sugerencia: después de leer el problema –y eventualmente resolverlo– seguramente le surgirán múltiples reflexiones, pero una de las más importantes debería ser la siguiente: ¿cuántas veces en la vida cotidiana creemos estar ante un problema que, o bien no tiene solución, o bien creemos que nos faltan datos para resolverlo?

Bien. Este es un magnífico ejemplo para poner a prueba no el ingenio, cuya definición me resulta muy resbaladiza, sino la capacidad para poder pensar desde otro lugar.

Un comerciante viaja a su trabajo todos los días usando el mismo tren, que sale de la misma estación y que tiene los mismos horarios, tanto de ida como de vuelta.

Para colaborar con él, su mujer lo lleva a la mañana hasta la terminal y luego lo pasa a buscar a las cinco de la tarde con su coche, con el fin de ahorrarle viajes en bus. Me interesa enfatizar este hecho: *todos los días* la mujer lo pasa a buscar a la misma hora (las *cinco* de la tarde) y juntos comparten el viaje en coche hasta la casa en la que viven.

Un día, el marido termina su trabajo más temprano y toma un tren que llega una hora antes de lo acostumbrado. Es decir, lo deja en la estación acostumbrada a las cuatro de la tarde (en lugar de las cinco como es habitual). Como el día está muy lindo, en lugar de llamar a la mujer para contarle lo que hizo, decide empezar a caminar por la calle que ella utiliza habitualmente para ir a buscarlo.

Tal y como él lo había previsto, se encuentran en el trayecto. El marido se sube al coche y juntos vuelven a su domicilio, al que llegan **diez minutos** antes de lo habitual.

Si uno supone la situación ideal (e irreal también), de que:

a. La mujer hace todo el trayecto, todos los días, a la misma velocidad constante.

b. Sale siempre a la misma hora de la casa para ir a buscar a su compañero.

c. El hombre se sube al coche en forma instantánea y sin perder ningún tiempo.

d. Nunca aparece nada extraño en el camino, ni semáforos que dilaten o aceleran el tránsito, etc.

Nada cambia con el día. Las condiciones se reproducen *mágicamente* viaje tras viaje. Ahora, la pregunta:

¿Puede usted determinar cuánto tiempo debió caminar el marido hasta el momento que se encuentra con su mujer y se sube al coche?

Un par de reflexiones antes de escribir la solución. Como se da cuenta, el problema en sí mismo es muy sencillo. La belleza consiste en que no hay que utilizar ninguna herramienta sofisticada, ni ningún recurso extraordinario. Solo hay que pensar y, para eso, usted decide cuándo y cómo lo hace. Lo **único** que le pido es que me crea que vale la pena.

Algo más: me gustaría aportarle algunas respuestas intermedias que –quizá– necesite. Si usted cree que le hace falta saber:

a. La velocidad a la que caminaba el marido.

b. La velocidad a la que viajaba el coche que conducía la mujer.

c. La distancia entre el domicilio y la estación.

Bueno... *créame* que no son necesarios. De hecho, los datos que tiene arriba son suficientes para encontrar la respuesta.

Solución

Se sabe que la mujer y el marido llegaron a la casa *diez minutos* antes que de costumbre. Esto significa que la mujer viajó diez minutos menos en el coche o, lo que es lo mismo, cinco minutos menos en el viaje de ida y cinco minutos menos en el viaje de vuelta.

Ahora, podemos deducir lo siguiente:

El marido caminó 55 minutos desde la estación hasta el lugar en donde encontró a la mujer.

¿Por qué? ¿No tiene ganas de seguir usted por su cuenta?

Sigo yo. Es que la mujer siempre pasa a buscar al marido a las cinco de la tarde. Como ese día en particular condujo el coche cinco minutos menos de lo habitual, cuando lo encontró eran las 16:55 de la tarde.

De esta forma, al dar la vuelta en ese momento, como también conducirá cinco minutos menos al volver, llegarán diez minutos antes de lo habitual, tal y como indicaba el enunciado.

Conclusión: El señor caminó 55 minutos.

Como se ve, una vez conocida la solución, el problema en sí mismo es muy fácil. Más aún: creo que si uno tuviera la solución sin haber dedicado ningún tiempo a pensarlo, decidiría que es *demasiado fácil.* Pero esto suele suceder con muchas situaciones de la vida cotidiana: cuando uno ha abordado un problema desde un lugar equivocado o quiere forzar mentalmente a que pasen ciertas 'cosas' que 'no pasan', es entonces cuando uno sospecha que 'faltan datos' y se desespera.

Este ejemplo es singular en ese sentido: permite advertir como la matemática ofrece herramientas de pensamiento y deducción que tienen una potencia maravillosa.

Pimpón

El siguiente problema lo conocí a través de dos *excelentes* matemáticos, ambos profesores en la Universidad de Barcelona. Uno es argentino (Carlos D'Andrea) y el otro es español (Juan Carlos Naranjo). Carlos, además de colega, es amigo personal y le debo a él *muchísimas cosas* que sucedieron en mi vida, profesional y privada. Su pasión por la matemática no se reduce al claustro, sino que es un referente mundial en múltiples competencias internacionales de matemática, tanto en Europa como en Suramérica. Y Juan Carlos es vicedecano de la Facultat de Matemàtiques en la Universitat de Barcelona, y tiene múltiples premios y reconocimientos mundiales. Nació en La Rioja (España) pero se crió en Cataluña, región por la que yo tengo un particular afecto.

Fue D'Andrea quien me sorprendió un día con un correo electrónico a las 2 de la mañana, hora de Chicago, con el problema que figura más abajo y que a mí me pareció *espectacular.* Sea usted juez de lo que sigue.

Suponga que tres amigos (A, B y C) se encuentran a jugar al pimpón un sábado por la tarde. No se preocupe: no hace falta saber nada del juego propiamente dicho, solo que en este caso se juega en forma individual: un rival de cada lado de la mesa.

Como tienen toda la tarde disponible, deciden jugar tantos partidos como puedan. La única regla que siguen es esta: eligen por sorteo quiénes jugarán el primer partido y, en lo que sigue, el ganador continúa jugando y el perdedor sale para que participe el tercero que estaba como observador.

Dicho esto, al finalizar la tarde deciden contar cuántos partidos jugó cada uno y la cuenta es la siguiente:

- A jugó 15 partidos.
- B jugó 10 partidos.
- C jugó 17 partidos.

(Fíjese en que el resumen es sobre partidos *jugados* y no partidos *ganados* o *perdidos*).

Pregunta: ¿Quién perdió el **segundo** partido?

Parece mentira, ¿no es así? Parece extraño que uno pueda encontrar respuesta a esta pregunta. Bueno, de eso se trata el desafío. Ahora le toca a usted.

Solución

Como escribí más arriba, el problema se me antojó fascinante porque la pregunta parece *totalmente descabellada.* Uno tiene ganas de decir (al menos eso fue lo que me pasó a mí): "¿Qué dijo? ¿Qué me preguntó?".

Sin embargo, como verá inmediatamente, la cadena de razonamientos que llevan a la solución es maravillosa.

Primero, contemos cuántos partidos se jugaron en *total,* al terminar la tarde. Si sumamos los partidos que jugaron los *tres* participantes, llegamos a 42, pero usted advierte que uno está contando *dos* veces cada partido (ya que lo juegan dos participantes por vez). Luego el número *total* de partidos jugados fue de 21.

Acá es donde me permito introducir un dato muy importante: cada jugador no puede esperar más de *un* partido sin jugar. ¿Por qué? Porque el que pierde, sale y espera que le toque su turno nuevamente, pero a lo sumo, tendrá que ser observador una sola vez antes de que intervenga nuevamente. En el mejor de los casos, uno de los jugadores podría ganar siempre y no ser observador nunca, pero los perdedores tienen la tranquilidad de que, en el peor de los casos, jugarán uno de cada dos partidos consecutivos.

Una pausa (que viene con pregunta incluida): después de haber leído lo que escribí en este último párrafo, ¿no tiene ganas de seguir por su cuenta? Ahora ya sabe que en total se jugaron 21 partidos y que los tres jugadores intervienen seguro en dos partidos consecutivos. Con estas observaciones sobre la mesa, quizá usted pueda avanzar en soledad...

Sigo yo. Pregunta: *¿cuál es el **mínimo número** de partidos que pudo haber jugado cada uno de los tres?*

Como en total se jugaron 21, y cada participante *tiene* que jugar por lo menos una vez cada dos partidos consecutivos, la *única* forma de jugar el *número mínimo* es que *pierda* todos los partidos en los que intervenga. Pueden pasar dos cosas:

a. Que quien juegue la cantidad mínima de partidos sea uno de los dos que inicia los partidos...

b. O que quien juegue la menor cantidad de partidos sea *observador* de ese primer partido.

Como en total jugaron 21 partidos, que es un número impar, haber participado en el primero o no marca una diferencia. Fíjese por qué.

En el caso **a,** si empezara jugando el primer partido, la sucesión sería la siguiente:

1-3-5-7-9-11-13-15-17-19-21

Como usted advierte, solamente jugaría los partidos impares: juega, pierde, sale, espera un turno y vuelve, pierde otra vez, sale y espera..., y así siguiendo.

Si usted cuenta, verá que en total jugó once partidos. Eso sucedió si uno supone que ese participante jugó el partido inicial de la serie. ¿Será ese el *mínimo*? ¿O podría haber alguna otra distribución en donde alguno de los jugadores haya jugado *menos* que once?

Analicemos el caso **b.** Igual que antes, para jugar la *mínima cantidad de partidos,* tendrá que inexorablemente *perder* todos los partidos que juegue, solamente que ahora, en lugar de jugar el primero, juega el segundo, y a partir de allí, juega, pierde, sale, espera un partido, entra, pierde y sale..., y así sigue [tal y como sucedía en el caso a.]. Pero la diferencia es que, ahora, ese jugador tuvo que haber participado en esta sucesión –que incluye *solamente* a los números pares–:

2-4-6-8-10-12-14-16-18-20

Y ahora sí que hemos llegado al número *mínimo* de partidos: **¡diez!**

En el camino, con este análisis encontramos la respuesta. Si usted se fija, verá que el participante B es quien advirtió que había *jugado* nada más que diez partidos y eso significa que B jugó el número *mínimo* de partidos posibles.

La *única* manera de que eso haya sucedido es que B haya jugado (y perdido) el segundo. Más aún: no solo tuvo que haber perdido el segundo, sino que B perdió *todos los partidos pares.*

Moraleja

Aunque no parezca, esto *también* es **hacer matemática.** Aprovechando su potencia, hemos podido dar respuesta a algo que parecía inabordable e inalcanzable. Espero que usted lo haya disfrutado tanto como yo.

El ancho del río

Por último, quiero escribir uno de los problemas más bonitos que pensé, o mejor dicho, que me hizo pensar Gardner. Sé que hay varias versiones y también varias soluciones y es por eso que le propondría que –si puede– no lea la respuesta, no deje que yo le conduzca por un camino que usted no encontró por su cuenta. Más aún: téngalo en la cabeza tanto tiempo como sea capaz, no se entregue; es un problema precioso.

A esta altura, me siento –casi– como una persona que está trabajando en una tienda tratando de vender televisores o heladeras, y usted es un potencial 'cliente' a quien yo pretendo seducir contándole las *bondades* del producto. Créame: ¡no es así! Confíe en que, si yo escribo que un problema me gustó mucho, es –justamente– porque me gustó *mucho,* pero sea usted juez..., nuevamente.

Un río separa dos ciudades. Dos barcos lo recorren en direcciones opuestas a *velocidad constante*, no necesariamente la misma, pero mantienen la misma velocidad a lo largo del trayecto.

Más aún: cuando un barco llega del otro lado, da vuelta inmediatamente sin detenerse y vuelve hacia el lugar de origen. Repiten este proceso una y otra vez.

Los dos barcos salen al mismo tiempo. Se encuentran por *primera vez* en el camino a 7 kilómetros de una de las costas y continúan su trayecto. Cuando cada uno llega al otro lado, *da* la vuelta inmediatamente (en forma ideal, claro está).

Los dos barcos vuelven a encontrarse en una segunda ocasión, esta vez a 4 kilómetros de la costa opuesta. Pregunta: con estos datos *¿Cuál es el ancho del río?*

Yo me aparto y le espero acá abajo. De esa forma, no estorbo ni obstruyo su línea de pensamiento.

Solución

No sé cómo le habrá ido a usted, pero a mí el problema me entretuvo mucho tiempo. Ocupó varios ratos de mis días hasta que encontré una solución: trabajosa, intrincada, técnica y con un poco de *física* en el camino. Sería un caso típico de solución que **nunca** estaría incluida en el libro [1] al que hice referencia más arriba (*Proofs from THE BOOK*).

Pensé: "Tiene que haber una respuesta mejor. Gardner no pudo haber dicho que este problema le fascinó si **esta** (o una equivalente) es la única forma de contestar a la pregunta".

Fui hasta el libro de él y leí *su* solución: me pareció sencillamente *extraordinaria* y es por eso que la elegí y la quiero compartir acá con usted. Acá va.

Fíjese en la Figura 1.1, en donde aparecen los dos barcos en cada una de las costas. Los voy a llamar A y B.

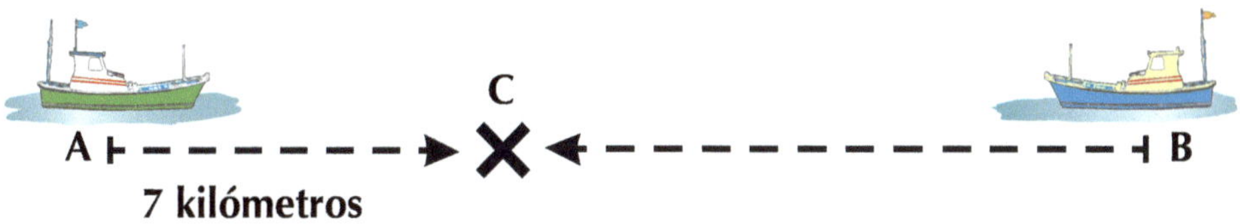

Figura 1.1. *Los barcos se cruzan por primera vez.*

Cuando se encuentran por primera vez en el punto C, lo hacen a 7 kilómetros de una de las costas, digamos la izquierda, desde donde salió A.

Preste atención a que A y B están en el mismo lugar (en C), cuando A ya recorrió 7 kilómetros desde que empezó su viaje. Se cruzan, pero siguen su marcha. En algún momento (no necesariamente el mismo), A llegará a la costa derecha, y B a la izquierda. Cuando cada uno llega a la otra orilla, da la vuelta sin perder tiempo y sale en dirección contraria.

Y ahora sabemos que, cuando se encuentran otra vez, lo hacen en un punto D que está a 4 kilómetros pero de la costa derecha (Figura 1.2).

Figura 1.2. *Segundo cruce de los barcos.*

Ahora, quiero hacer una observación muy importante y conducente hacia la solución del problema: cuando los barcos se encontraron la primera vez, **entre los dos** recorrieron el ancho del río. Todavía no sabemos cuánto mide *este ancho*, pero sí que la suma de los dos tramos que navegaron **entre ambos** resulta ser el ancho total del río (que es el dato que estamos buscando).

Por otro lado, cuando los dos hayan tocado la costa contraria, habrán recorrido el ancho del río *dos* veces: una vez A y otra vez B. El barco A lo recorrió de izquierda a derecha y el barco B en la otra dirección.

Y, por último, piense lo siguiente: al tocar la costa contraria, dan la vuelta y se encuentran nuevamente en D, que está a 4 kilómetros del lado derecho del río. En ese momento, **entre los dos** recorrieron el ancho del río una tercera vez: lo habían navegado dos veces cuando cada uno llegó del otro lado, y ahora tenemos que sumar las distancias recorridas por los dos cuando se encuentran en D.

Conclusión (provisoria): al encontrarse en D, si uno suma las distancias que recorrieron los dos, el resultado es que navegaron tres veces el ancho del río.

Este es un dato no menor que invito a que usted revea/piense. Más aún: le propongo que no siga leyendo si cree que *no* entendió. Vuelva atrás tantas veces como le haga falta y, obviamente, piense si está de acuerdo con lo que escribí más arriba, y hasta que no se convenza, le sugeriría que no siga avanzando con el texto.

Ahora estamos de acuerdo en que, al llegar a D, entre los dos barcos recorrieron *tres* veces el ancho del río (sumados los tramos que hizo cada uno).

Quiero enfatizar otra vez dos hechos importantes:

a. Cuando se encuentran la primera vez, el barco A había recorrido *siete kilómetros.*

b. Además, en el momento del primer encuentro, entre los dos habían recorrido el ancho del río **una vez**.

Una conclusión importante entonces, es que **cada vez** *que* **entre los dos** *recorren el ancho del río* (no solo la primera vez, sino *siempre),* el barco A recorre *siete kilómetros.* Esto sucede porque los barcos mantienen una velocidad constante en el periplo que los lleva incesantemente de una costa a la otra.

Ahora estamos a un paso de encontrar la respuesta. Si estuviera junto a usted, le diría: *"Piense que al llegar a D, entre los dos barcos habían recorrido el ancho del río tres veces".*

¿Qué le sugiere esto? (¿quiere pensar la respuesta en soledad?).

Sigo: el barco A, al llegar a D, tuvo que haber navegado 21 kilómetros (siete kilómetros por cada vez que entre los dos completan el ancho, y al llegar a D, lo recorrieron tres veces).

Por otro lado, cuando se encontró con B por segunda vez, estaba a *cuatro* kilómetros de la otra costa, ya que había llegado hasta allí y dio la vuelta.

Luego eso significa que el barco A hizo *cuatro kilómetros más* que el ancho del río, y por tanto, en lugar de 21 kilómetros, el río mide cuatro kilómetros **menos**: ¡17 kilómetros! ¡Listo!

Esta es la respuesta que buscábamos. Creo que estará de acuerdo en que es una solución verdaderamente espectacular, una de las más bonitas que ofreció Gardner y creo que eso es *mucho* decir. Claro que en esto va involucrado mi propio gusto, pero no puedo evitar que se 'filtre' en lo que escribo.

Es por eso, por la capacidad para ofrecer una visión totalmente diferente, tan pulcra, tan elegante pero austera, que me permití seleccionarla para este volumen.

Final

Espero que usted haya disfrutado al leer estos tres episodios tanto como yo al escribirlos. La máxima aspiración que poseemos todos los que tenemos el privilegio de comunicar ideas: conmover, atrapar, seducir... Quizá sea mucho, pero es lo que me pasa.

Si llegó hasta acá, gracias por haberme acompañado.

Lecturas recomendadas, y más...

[1] AIGNER, M. y ZIEGLER, G.: *Proofs from THE BOOK*. Springer, 1988.

[2] GARDNER, M.: *My best mathematical and logic puzzles*. Dover, 1994.

[3] PAENZA, A.: *Matemática... ¿estás ahí?* Colección "Ciencia que ladra...", Siglo Veintiuno Editores, 2006. Disponible en http://cms.dm.uba.ar/material/paenza)[2].

[4] PAENZA, A.: *Matemática para todos*. Debate, 2017.

[2] Los libros del autor Adrián Paenza están disponibles en su página web. Sus siete últimos títulos aparecieron en todos los países de habla hispana y han sido publicados o impresos por el grupo editorial Random House.

Capítulo dos

Martin Gardner y los cuadrados mágicos

Eduardo Sáenz de Cabezón

A Manuel Benito y Emilio Fernández, mis Martin Gardner particulares.

Los cuadrados mágicos tienen algo de juego, algo de enigma, algo de matemáticas, algo de magia y muchas anécdotas históricas. Por eso no es de extrañar que Martin Gardner les dedicara buenos ratos, algunas páginas y, cómo no, propusiera hermosos problemas en torno a "una de las configuraciones más elegantes de la historia de la aritmética combinatoria". Es muy significativo que la primera columna de Gardner en *Scientific American*, en enero de 1957, estuviera dedicada a los cuadrados mágicos. A ellos volvió en múltiples ocasiones y es obvio que le divertían mucho, igual que a otros grandes matemáticos de todas las épocas, incluido el gran Euler.

Algo de juego

Coloca en las casillas del siguiente tablero los números del 1 al 9 de forma que la suma de cada fila, cada columna y cada diagonal sea la misma.

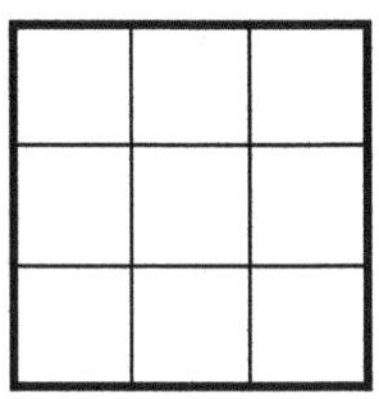

Al cabo de un rato más o menos largo, pero seguro que entretenido, cualquier chaval o adulto llegará a una solución parecida a la que tienes en la página de soluciones. El objeto que resuelve este pequeño juego se llama "cuadrado mágico". Decimos además que es "de orden tres" porque el tablero en el que hemos dispuesto los números tiene 3 × 3 casillas.

Si te das cuenta, la suma de cada fila, columna y diagonal es 15, y a esa suma la llamamos "constante mágica" del cuadrado. Podemos ampliar el juego y construir cuadrados mágicos de otros órdenes. En general, en un cuadrado de orden n colocaremos los números del 1 al n^2 en un tablero de $n \times n$ casillas, de forma que la suma de todas las filas, columnas y diagonales sea la misma. Esa suma, la constante mágica, se puede calcular fácilmente y vale $(n^3+n)/2$. Por ejemplo, si n es 4, una posible solución se encuentra en un grabado de Alberto Durero llamado *Melancolía* y tiene muchísimas propiedades mate-mágicas. ¿Te atreves a dar otra solución diferente? No resulta tan sencillo como en el caso del cuadrado mágico de orden tres, pero sigue siendo fácil. La cosa se complica si uno lo intenta para orden cinco, orden seis u órdenes mayores. Se complica a menos que uno eche mano de alguna estrategia, cuanto más imaginativa mejor, para rellenar las casillas y lograr un hermoso cuadrado mágico.

Detalle del grabado de Durero titulado "Melancolía"[3].

Existen muchas estrategias para construir cuadrados mágicos de cualquier orden. Hay estrategias para cuadrados de orden impar, para cuadrados de orden múltiplo de cuatro, no tantas para cuadrados de orden par que no sea múltiplo de cuatro... Pero la verdad es que no hay una "estrategia global" para construir todos los cuadrados mágicos de cualquier orden. Una estrategia que a mí me gusta particularmente es construir cuadrados mágicos "por capas".

Esta estrategia sirve para cualquier orden y es muy bonita, pero no podemos construir con ella todos los posibles cuadrados de cada orden. Se trata de elaborar un cuadrado mágico pequeño en el centro de nuestro tablero, transformarlo un poco sumando cierta cantidad idéntica a todas sus casillas e ir añadiéndole capas de números de modo que el carácter mágico del cuadrado ampliado se siga manteniendo. Construimos así lo que se conoce como un cuadrado mágico "concéntrico".

Lo mejor es usar un ejemplo. Vamos a construir un cuadrado mágico de orden 8. Para ello, empezamos con un cuadrado de orden cuatro, como el anterior. A partir de este construimos un cuadrado de orden 6 siguiendo tres pasos: Primero colocamos el cuadrado en el centro y sumamos 10 a cada número, de forma que ya tenemos colocados los números 11 al 26, que precisamente son los números centrales del conjunto de números que van del 1 al 36. Y los tenemos colocados en el centro de nuestro cuadrado.

---

3 https://commons.wikimedia.org/wiki/File:Albrecht_D%C3%BCrer_-_Melencolia_I_(detail).jpg

Ahora tenemos que rellenar las veinte casillas exteriores, usando los números 1 a 10 y 17 a 36. La cosa se ha facilitado bastante. Hay muchas formas de colocarlos, incluso uno puede idear un método... ¿te atreves? Como cada fila, columna y diagonal de nuestro cuadrado central suma 74, los números que se encuentran en "orillas" opuestas alrededor del centro tienen que sumar 37 (porque la constante mágica del cuadrado de orden 6 es 111 según la fórmula que hemos visto antes). Eso sí, cuidado con las esquinas, ahí es donde está lo divertido... cuando hayas jugado un poco con estos números, puedes comprobar si tu solución se parece a la que doy en la página de soluciones, o si has descubierto un cuadrado diferente.

	26	**13**	**12**	**23**	
	15	**20**	**21**	**18**	
	19	**16**	**17**	**22**	
	14	**25**	**24**	**11**	

Una vez construido el cuadrado de orden 6, volvemos a hacer lo mismo para construir el cuadrado de orden 8: colocamos el de orden 6 en el centro y sumamos 14 a cada uno de sus números. Después rellenamos las casillas exteriores con los números 1 a 14 y 51 a 64. Así construimos lo que se llaman *cuadrados mágicos concéntricos*. Aquí tienes un resultado para nuestro ejemplo, seguro que puedes construir otros, variando los números de las orillas de forma que la propiedad mágica se mantenga, hay múltiples posibilidades:

1	**63**	**62**	**5**	**59**	**58**	**8**	**4**
10	**49**	**15**	**17**	**47**	**21**	**46**	**55**
12	**20**	**40**	**27**	**26**	**37**	**45**	**53**
14	**43**	**29**	**34**	**35**	**32**	**22**	**51**
56	**23**	**33**	**30**	**31**	**36**	**42**	**9**
54	**41**	**28**	**39**	**38**	**25**	**24**	**11**
52	**19**	**50**	**48**	**18**	**44**	**16**	**13**
61	**2**	**3**	**60**	**6**	**7**	**57**	**64**

Los cuadrados mágicos concéntricos son especiales, tienen la propiedad adicional de que, si quitamos una capa de casillas externas, el cuadrado que queda sigue siendo mágico. Pero el juego no acaba ahí, y los aficionados a los cuadrados mágicos han ideado cuadrados con propiedades maravillosas que nos sorprenden por la cantidad de formas diferentes de sumar el mismo número. Cuando exigimos que no solo las filas, columnas y diagonales sumen la misma "constante mágica" sino que haya otras combinaciones dentro del cuadrado (como por ejemplo diagonales partidas, cuadrados más pequeños dentro del cuadrado, etc.), tenemos cuadrados *diabólicos, panmágicos, perfectos, cuasi-perfectos*...

También podemos usar otros números, no siempre los números consecutivos del 1 al n^2, y entonces tenemos cuadrados formados solo con números primos, o cuadrados en los que todos sus números están en sucesión aritmética, etc., Incluso podemos cambiar la forma del tablero y tener estrellas mágicas, cubos mágicos, círculos mágicos, etc. El mundo de los cuadrados mágicos da para muchos juegos, realmente.

Algo de enigma

Allá donde hay juego hay enigma, hay preguntas sin responder. Algunas preguntas son muy "matemáticas" como conocer cuál es el número total de posibles cuadrados mágicos distintos en cada orden. "Distintos" quiere decir que no se pueda obtener uno a partir de otro por reflexiones o giros. Aquí contamos solo los cuadrados mágicos formados por los números 1 al n^2, los clásicos. Por ahora se conoce el número de cuadrados mágicos distintos de orden tres (solo hay uno), de orden cuatro (hay 880) y de orden cinco (hay nada menos que 275 305 224). Para órdenes mayores solo tenemos estimaciones, es un problema que sigue abierto desde hace muchos años. Así pues, ¡este es un gran enigma!

Existen otras preguntas que se parecen más a acertijos, a retos. Como es de esperar, Gardner propuso varios retos que tienen que ver con cuadrados mágicos. Uno muy bonito es construir cuadrados mágicos con números primos. Por ejemplo, este es el cuadrado mágico formado por números primos con menor constante mágica (seguro que si buscas por ahí encontrarás cuadrados mágicos de números primos en los que incluyen el número 1, pero a mí eso me parece hacer trampa):

17	**89**	**71**
113	**59**	**5**
47	**29**	**101**

Gardner planteó en 1987 el reto de construir un cuadrado mágico con primos consecutivos, lo cual parecía un reto diabólico, imposible. Pero resulta que, en ese mismo año, Harry Nelson, con ayuda de un ordenador, encontró uno (bueno, en realidad encontró nada menos que 22), pero este es el que tiene números más pequeños:

1 480 028 201	**1 480 028 129**	**1 480 028 183**
1 480 028 153	**1 480 028 171**	**1 480 028 189**
1 480 028 159	**1 480 028 213**	**1 480 028 141**

Puede parecer que, al ser los cuadrados mágicos unas configuraciones sencillas de números, cualquier enigma que se proponga podrá resolverse con ayuda de los ordenadores, y así lo corrobora el hallazgo de Nelson del cuadrado con primos consecutivos. Pero he aquí una cuestión que propuso Martin Gardner y que sigue sin resolverse. Es una pregunta en apariencia sencilla, pero que, como cualquier buen enigma, encierra complicaciones insospechadas: ¿existe algún cuadrado mágico de orden tres en el que todas las casillas estén formadas por números que son cuadrados perfectos, como el 4, el 9, el 25, ...? Hasta el momento, nadie ha conseguido un cuadrado mágico de orden tres formado por cuadrados, lo más parecido es este cuadrado de Lee Sallows: ¿ves lo poco que le falta para ser mágico?

127^2	46^2	58^2
2^2	113^2	94^2
74^2	82^2	97^2

Para otros órdenes, sí que se conocen cuadrados mágicos compuestos por cuadrados perfectos. El más antiguo de orden cuatro se debe al mismísimo Euler, que lo construyó en 1770 y se lo regaló a Joseph-Louis Lagrange:

68^2	29^2	41^2	37^2
17^2	31^2	79^2	32^2
59^2	28^2	23^2	61^2
11^2	77^2	8^2	49^2

Algo que podríamos intentar para el orden tres es usar como punto de partida un cuadrado mágico de orden tres y elevar sus números al cuadrado, pero vemos que entonces deja de ser mágico, la cosa no es tan sencilla. Existen, sin embargo, cuadrados mágicos tales que, al elevar sus números al cuadrado, mantienen su carácter mágico. Estos fascinantes objetos mágico-enigmáticos se llaman cuadrados *bimágicos*. Los cuadrados bimágicos con números consecutivos más pequeños que se conocen son de orden ocho. Si permitimos números no consecutivos, existen ya para orden seis. Eso sí, se sabe que no existe ninguno de orden tres.

Tan endiablados como los cuadrados bimágicos son los llamados cuadrados *alfamágicos*: cuadrados mágicos tales que, si sustituimos cada número por el número de letras que forman su nombre, el cuadrado resultante ¡sigue siendo mágico! Es una locura, pero muy divertida. Por supuesto, Gardner se hizo eco de estos fascinantes objetos en sus libros, y nos presentó este precioso cuadrado alfamágico (en inglés) de orden tres, que se debe también a Lee Sallows:

5	22	18
28	15	2
12	8	25

Si sustituimos cada número por las letras de su nombre en inglés, obtenemos lo siguiente:

4	9	8
11	7	3
6	5	10

Por supuesto, el que un cuadrado sea alfamágico depende del idioma que estemos usando. ¿Te atreves a construir un cuadrado alfamágico de orden tres en español? Si lo piensas, seguro que puedes encontrar un método sencillo. Puedes mirar en las soluciones a este capítulo si no se te ocurre, pero no tengas prisa en mirar, concédete un poco de diversión antes.

Lo que no sé si es tan sencillo es encontrar un cuadrado alfamágico bilingüe, en inglés y español. Te lo dejo como enigma de este capítulo.

Algo de matemáticas

Está clarísimo que los cuadrados mágicos son objetos en los que las matemáticas están muy presentes. Sin la operación de la suma, ni siquiera existen. Cuando giramos un cuadrado mágico o reflejamos sus números con respecto al eje horizontal, al vertical o a alguna de las diagonales, el cuadrado sigue siendo mágico, de modo que lo que se llama *grupo de simetría* del cuadrado está en el trasfondo de esta magia y hay que tenerlo presente a la hora de contar los cuadrados mágicos de un determinado orden. Esto quiere decir que la estructura de un cuadrado mágico tiene un profundo significado matemático. Lo mismo ocurre con las estrategias para construir cuadrados mágicos. Toda estrategia para construir cuadrados mágicos responde a una estructura interna, y si algo nos gusta a los matemáticos, es buscar maneras de expresar de forma matemática la estructura de cualquier cosa.

Las matemáticas nos ayudan a resolver ciertos enigmas de todo tipo, han demostrado siempre a lo largo de la historia ser un arma muy poderosa para desentrañar misterios, así que vamos a ver uno de los misterios de los cuadrados mágicos de la mano de las matemáticas: ¿existen infinitos cuadrados mágicos formados por números primos? Para resolver esta pregunta, vamos a usar un bonito y profundo resultado matemático: el teorema de Green-Tao.

Una forma bonita de construir cuadrados mágicos con números "especiales", por ejemplo con números primos, es usar una sucesión aritmética formada por esos números. La razón es sencilla. Toma cualquier cuadrado mágico con números consecutivos y coloca los números de tu sucesión aritmética según el orden que te vayan indicando los números del cuadrado mágico. Al hacerlo obtienes un nuevo cuadrado mágico con los números de tu sucesión aritmética.

Así pues, donde hay una sucesión aritmética hay un cuadrado mágico. Por ejemplo, imagina que tienes los siguientes nueve números en sucesión aritmética: 3, 6, 9, 12, 15, 18, 21, 24 y 27. Si tomamos ahora un cuadrado mágico de orden tres formado por nueve números consecutivos, como este:

8	**1**	**6**
3	**5**	**7**
4	**9**	**2**

y en lugar del 1 colocamos el primer número de nuestra sucesión aritmética, en lugar del 2 colocamos el segundo, y así sucesivamente, obtenemos otro cuadrado mágico con los números de nuestra sucesión aritmética:

24	**3**	**18**
9	**15**	**21**
12	**27**	**6**

Así que, para construir un cuadrado mágico de orden *n* formado por números primos, nos basta con encontrar n^2 primos en sucesión aritmética. ¿Es esto posible siempre, por grande que sea *n*? En 2004, Ben Green y Terence Tao demostraron que sí. El resultado se conoce ahora como *el teorema de Green-Tao* y es uno de los resultados más impresionantes de las matemáticas de los números primos. Fue publicado en 2008 en un artículo de más de 60 páginas en la prestigiosa revista *Annals of Mathematics* y dice que la sucesión de los números primos contiene progresiones aritméticas arbitrariamente largas.

Así pues, existen cuadrados mágicos tan grandes como queramos formados por números primos. Pero no creas que es tan fácil construirlos, al menos usando el teorema de Green-Tao, ya que en el momento de escribir estas líneas, la sucesión aritmética de números primos más larga que se conoce tiene tan solo 26 elementos, de forma que con ella se pueden construir cuadrados mágicos de orden cinco, como mucho. Así que, como pasa muchas veces en matemáticas, una cosa es saber que algo existe, y otra muy distinta poderlo encontrar.

Una cosa curiosa es que la primera sucesión aritmética de 26 primos la encontró B. Perichon usando una PlayStation 3, para que luego digan que las videoconsolas no son más que juguetes caros...

Aquí te dejo un cuadrado mágico de orden cuatro formado por 16 números primos en progresión aritmética. Es una auténtica joya de la combinatoria, pero como ves, los números que necesitamos son bastante grandes:

198 793 279	**72 697 309**	**62 997 619**	**169 694 209**
92 096 689	**140 595 139**	**150 294 829**	**121 195 759**
130 895 449	**101 796 379**	**111 496 069**	**159 994 519**
82 396 999	**189 093 589**	**179 393 899**	**53 297 929**

Si acaso te están entrando ganas de buscar nueve cuadrados perfectos en progresión aritmética para construir el cuadrado mágico de orden tres formado por cuadrados perfectos, mejor ni lo intentes. Está demostrado que no existen progresiones aritméticas formadas por cuadrados perfectos con más de tres elementos. Así que, como pasa muchas veces en matemáticas, saber que algo no existe puede ahorrarte mucho trabajo.

Algunas anécdotas históricas

Vamos a terminar este recorrido por las maravillas de los cuadrados mágicos contando algunas anécdotas históricas que muestran que estos objetos matemáticos han suscitado la curiosidad de gentes de todos los tiempos y en todos los lugares. Desde su origen han estado rodeados de un halo mágico y misterioso. Nadie sabe desde cuándo se conocen los cuadrados mágicos y la aparición del primero conocido está envuelta en la leyenda.

Se dice que en China, hacia el año 650 a. C., el emperador Yu se enfrentó a unas terribles inundaciones en el río Lo. Nada parecía calmarlas, hasta que emergió del río una tortuga con unos extraños símbolos en su caparazón. Esos símbolos representaban los números del cuadrado mágico de orden 3, que desde entonces es conocido como "Lo-Shou", *el escrito del río Lo*. Siguiendo la inspiración del Lo-Shou, el emperador Yu hizo los sacrificios adecuados que calmaron al río y cesaron las inundaciones.

Desde entonces, el cuadrado mágico ha tenido valor de talismán en diversas culturas. En la antigua China se asoció al control de los ríos y sus inundaciones. En el Yemen se usaban cuadrados mágicos para prevenir ciertas enfermedades como la peste. Los persas aplicaban cuadrados mágicos a la cura de enfermedades, y en la India se usaban como ayuda en los partos difíciles.

Por supuesto, los cuadrados mágicos eran muy importantes en la cábala y en todas las corrientes esotéricas que atribuyen significados a los números. Se asociaban cuadrados de distintos órdenes a diferentes planetas, y a los objetos geométricos y elementos químicos vinculados a esos planetas. Hoy día, diversas corrientes de la magia y el esoterismo incluyen el uso de cuadrados mágicos en sus prácticas.

Paralelo a este interés esotérico por los cuadrados mágicos, ha estado el interés científico, matemático, y aquí los matemáticos árabes hicieron enormes progresos investigando las propiedades de estos hermosos objetos. La tradición siguió, y grandes matemáticos como Pierre de Fermat, Leonhard Euler o Arthur Cayley se han ocupado de ellos. También el mundo del arte ha producido algunos cuadrados mágicos famosos, como el de Durero de orden cuatro que hemos visto al principio del capítulo.

Si alguna vez vas a la Sagrada Familia, en Barcelona, podrás ver otro cuadrado mágico muy famoso, que se debe a Josep Maria Subirachs, esculpido en una de las fachadas. Los números que lo componen son estos:

Cuadrado semimágico en la Sagrada Familia de Barcelona.

En realidad este cuadrado es muy parecido al de Durero, pero ha experimentado un par de transformaciones (unos cambios de filas) y algunos de sus números han sido reducidos en una unidad para que la constante mágica del cuadrado no sea 34 sino 33, la edad de la muerte de Cristo. Como ves, resulta que algunos números aparecen repetidos, por lo que en realidad es lo que se conoce como un cuadrado *semimágico*.

Otro gran aficionado ilustre a los cuadrados mágicos fue Benjamin Franklin, quien dijo en su autobiografía: "*[...] Confieso que en mis años jóvenes, durante unas vacaciones que pienso podría haber empleado con mayor provecho, me divertí construyendo este tipo de cuadrados mágicos...*". Y realmente construyó un cuadrado mágico excepcional. Es de orden ocho, y tiene tal cantidad de configuraciones simétricas que resultan iguales a la suma mágica, que sería muy difícil dar cuenta de ellas en el espacio de este capítulo, por lo que te animo a que las investigues por tu cuenta, pasarás buenos ratos:

52	61	4	13	20	29	36	45
14	3	62	51	46	35	30	19
53	60	5	12	21	28	37	44
11	6	59	54	43	38	27	22
55	58	7	10	23	26	39	42
9	8	57	56	41	40	25	24
50	63	2	15	18	31	34	47
16	1	64	49	48	33	32	17

Pero la creación más llamativa de Benjamin Franklin es un cuadrado mágico de orden 16 que contiene una increíble multitud de configuraciones simétricas con la misma suma mágica. A este cuadrado el propio Franklin lo llamó *"el más mágicamente mágico de todos los cuadrados mágicos jamás construidos por un mago"*. Lo curioso es que las diagonales de ese cuadrado no suman la constante mágica, con lo que, paradójicamente, no es en realidad un cuadrado mágico en el sentido tradicional.

Martin Gardner amaba este tipo de anécdotas, este tipo de enigmas, amaba la magia de las matemáticas y amaba jugar con ellas. Ese entusiasmo, esa pasión y la impresionante inteligencia con la que nos las transmitió han hecho que muchos nos acerquemos a las matemáticas del modo más esencialmente humano que existe: jugando.

Soluciones

Cuadrado mágico de orden 3:

8	1	6
3	5	7
4	9	2

Otro cuadrado mágico de orden 4:

7	2	16	9
12	13	3	6
1	8	10	15
14	11	5	4

El cuadrado concéntrico de orden 6:

35	1	3	33	7	32
6	26	13	12	23	31
29	15	20	21	18	8
9	19	16	17	22	28
27	14	25	24	11	10
5	36	34	4	30	2

Método para construir cuadrados alfamágicos en español:

Aunque parece algo endiabladamente difícil de encontrar, en realidad pueden construirse cuadrados alfamágicos de orden 3 sin demasiada dificultad. El secreto está en encontrar tres números que se hallen en progresión aritmética y cuyos nombres tengan números de letras consecutivas. Por ejemplo, 11, 13 y 15 están en progresión aritmética, de razón $r = 2$ y sus nombres tienen, respectivamente, cuatro, cinco y seis letras.

Y ahora viene el truco: colocamos los siguientes números en nuestro tablero:

$a + r$	**$2000 + a$**	**$1000 + a + 2r$**
$2000 + a + 2r$	**$1000 + a + r$**	**a**
$1000 + a$	**$a + 2r$**	**$2000 + a + r$**

Si llamamos n al número de letras de a, entonces $a + r$ tiene $n + 1$ letras y $a + 2r$ tiene $n + 2$ letras. Cuando sumamos 1000 a un número, su número de letras aumenta en tres, y cuando sumamos 2000 a un número, su número de letras aumenta en seis, así que el número de letras de cada casilla de nuestro cuadrado es el siguiente:

$n + 1$	**$n + 6$**	**$n + 3 + 2$**
$n + 6 + 2$	**$n + 1 + 3$**	**n**
$n + 3$	**$n + 2$**	**$n + 1 + 6$**

En nuestro ejemplo $a = 11$ y $r = 2$, con lo que tenemos el cuadrado alfamágico formado por los números

13	**2011**	**1015**
2015	**1013**	**11**
1011	**15**	**2013**

y los números de sus letras:

5	**10**	**9**
12	**8**	**4**
7	**6**	**11**

¡¡¡Sencillo y alucinante!!!

Lecturas recomendadas, y más...

[1] Alegría, P.: "La magia de los cuadrados mágicos". *SIGMA 34*, 107-128, 2009.

[2] Derivando: *Crear cuadrados mágicos: Más allá de los Sudokus.* Disponible en https://www.youtube.com/watch?v=eNOaZKbecas, 2015.

[3] Derivando: *¡Increíble! ¡Un cuadrado mágico con números primos!* Disponible en https://www.youtube.com/watch?v=4Gm2olTh9lU, 2017.

[4] Descombes, R.: *Les carrés magiques.* Vuibert, 2000.

[5] Gardner, M.: *Comunicación extraterrestre y otros pasatiempos matemáticos.* Cátedra, 1986.

[6] Gardner, M.: *Gardner's workout.* A. K. Peters, 2001.

Capítulo tres

Baldosas y puzles

Mercedes Sánchez

Siento una irremediable debilidad por las personas inteligentes que, desde la independencia crítica y la mente abierta, hacen avanzar la racionalidad.

Martin Gardner, en mi opinión, fue una de esas personas. Era un periodista buen conocedor de rompecabezas matemáticos que tuvo una curiosidad desbordante por comprenderlos. Tuvo la habilidad de contar con matemáticos de primera línea para escribir sus artículos y la osadía del divulgador de plantear cuestiones que interesaban tanto a los matemáticos como a otros lectores. Para él no era impensable proponer problemas de los que desconocía la solución, por ejemplo:

Los cigarrillos que se tocan

Cuatro pelotas de golf se pueden colocar de modo que cada una toca a las otras tres. Análogamente, cinco monedas se pueden colocar de modo que cada una de ellas toca a las otras cuatro, como puede verse en la siguiente figura:

Figura 3.1. *Cinco monedas que se tocan.*

¿Es posible colocar seis cigarrillos de modo que cada uno de ellos toque a los otros cinco? Los cigarrillos no se pueden doblar ni romper.

En esta época modificaríamos el enunciado cambiando los cigarrillos por lápices o algo similar, pero es preferible respetar el enunciado original.

Solución

Hay diferentes modos de colocar los seis cigarrillos, por ejemplo, la siguiente:

Figura 3.2. *Seis cigarrillos que se tocan.*

Pero, para su sorpresa, unos quince lectores descubrieron que siete cigarrillos se pueden colocar de modo que cada uno de ellos toque a los otros seis. George Rybicki y John Reynolds, estudiantes de Física en la Universidad de Harvard, enviaron la siguiente solución:

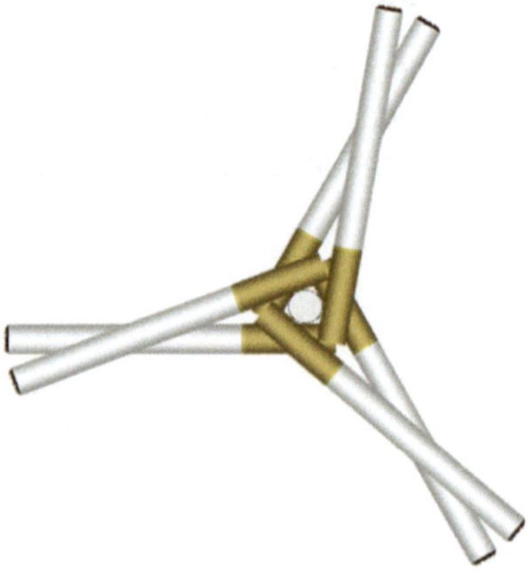

Figura 3.3. *Siete cigarrillos tocándose entre sí (uno está en vertical).*

Uno de ellos está colocado en vertical. La relación de longitud a diámetro de los cigarrillos debe ser, al menos, de $\frac{7}{2}\sqrt{3}$.

Antes de que apareciese la sección "Juegos matemáticos" en *Scientific American*, casi siempre las soluciones de los problemas planteados en esta revista provenían de matemáticos, físicos, ingenieros... Marjorie Rice, ama de casa, rompió con esa tradición al resolver un problema de baldosas entusiasmada por uno de los artículos de Gardner. Y hubo muchos más. Personas de toda condición, desde celebridades hasta perfectos desconocidos, han citado la columna de Gardner como una de las razones para dedicarse profesionalmente a las matemáticas o a campos afines.

El Capítulo 13 del libro *Viajes por el tiempo y otras perplejidades matemáticas* [5] (el título original es *Time and Travel and other Mathematical Bewilderments*) está dedicado a los mosaicos de polígonos convexos.

Imaginemos que tenemos a nuestra disposición infinitas piezas todas iguales. Si conseguimos acoplarlas entre sí, sin dejar huecos y sin superponerse unas con otras, hasta recubrir por completo el plano, tenemos un mosaico o una *teselación*[4]. Hay infinitas formas que pueden tener las baldosas, pero nos vamos a limitar a las baldosas con forma poligonal convexa. Un polígono es convexo si el segmento que une dos puntos cualesquiera del polígono está totalmente contenido en él.

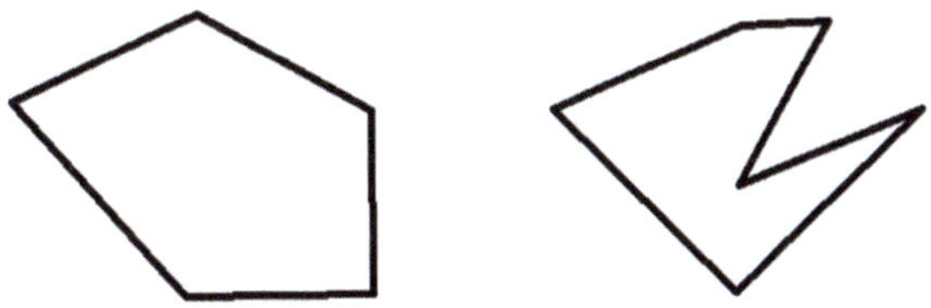

Figura 3.4. *Polígono convexo (izquierda) y no convexo (derecha).*

Es muy fácil probar que solo hay tres polígonos regulares que pueden embaldosar el plano: el triángulo equilátero, el cuadrado y el hexágono regular.

Se ha demostrado que ningún polígono convexo de más de seis lados podrá teselar el plano. Ivan Niven lo publicó en *The American Mathematical Monthly* [8].

No existe ninguna limitación en el número de lados para teselaciones con polígonos no convexos:

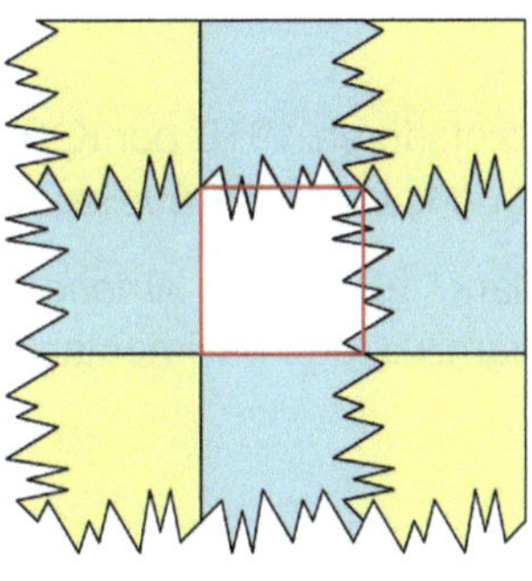

Figura 3.5. *Teselación del plano con polígonos no convexos.*

Así que basta con estudiar solamente los polígonos de tres, cuatro, cinco y seis lados.

---

4 Se llama *tesela* a cada una de las piezas con las que se forma un mosaico. La palabra *teselar* es equivalente a "embaldosar".

Cualquier triángulo tesela el plano. Un triángulo siempre es la mitad de un paralelogramo. Y es claro que con el paralelogramo se pueden formar bandas ilimitadas de lados paralelos y estas bandas se pueden adosar hasta recubrir por completo el plano.

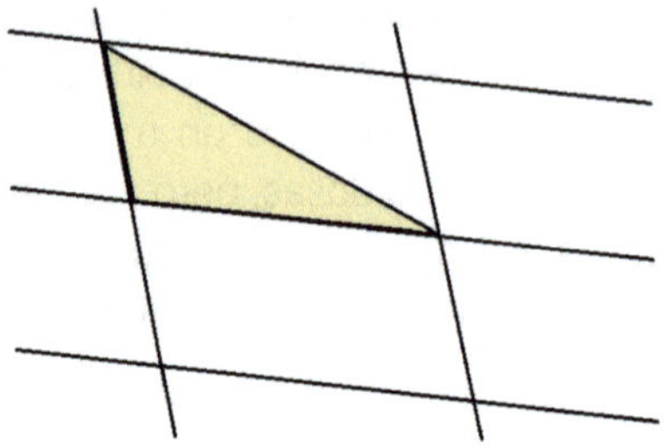

Figura 3.6. *Es posible teselar el plano con cualquier triángulo.*

Cualquier cuadrilátero, convexo o no, también tesela el plano. Sabemos que si unimos los puntos medios de los lados de un cuadrilátero cualquiera obtenemos un paralelogramo. A partir de este paralelogramo, como en el caso anterior, *teselamos* el plano.

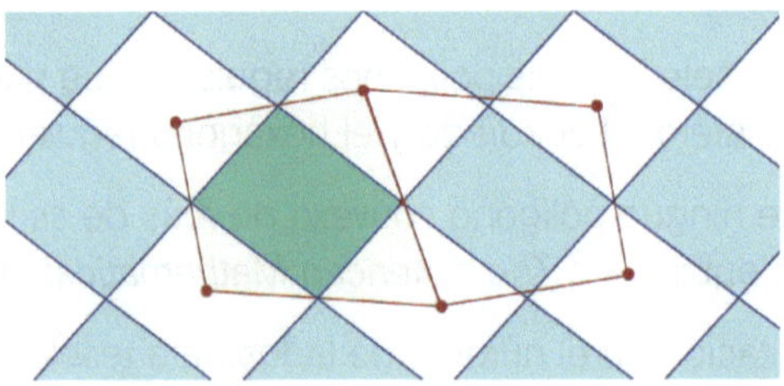

Figura 3.7. *Podemos teselar el plano con cualquier cuadrilátero.*

El caso del hexágono quedó zanjado en 1918 por K. Reinhardt en su tesis doctoral. Solo hay tres familias de hexágonos convexos que puedan *teselar* el plano.

En el artículo "On paving the Plane" [6], en *The American Mathematical Monthly*, R. B. Kershner describe así las tres familias que pavimentan el plano:

Tipo I

Los lados **a** y **d** tienen la misma longitud. Los ángulos **A + B + C = 360°**, en consecuencia los lados **a** y **d** son paralelos.

Si hacemos una simetría central respecto del punto medio del lado **b**, obtenemos un decágono que *tesela* el plano por traslación.

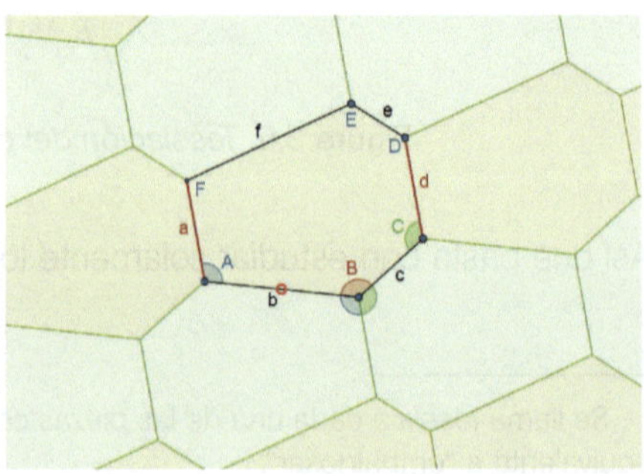

Tipo II

a = d, c = e

A + B + D = 360°

Se refleja con desplazamiento el hexágono según el vector que une los puntos medios de **a** y **d**. Después, se rotan 180° ambos hexágonos alrededor del punto medio del lado **b**. La figura resultante *tesela* por traslación.

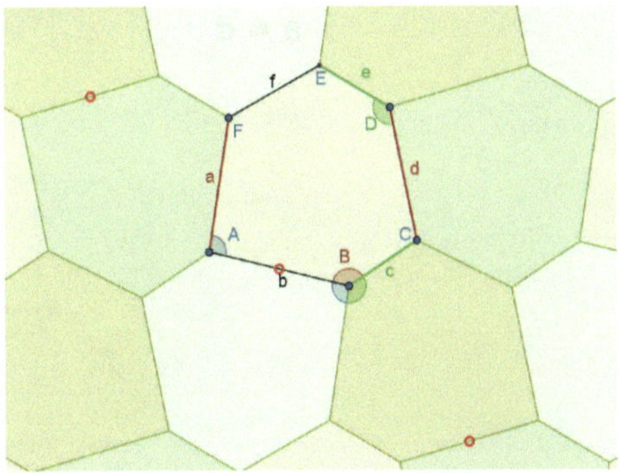

Tipo III

a = b, c = d, e = f

A = C = E = 120°

Se rota el hexágono 120° alrededor del vértice **A** y se completan los 360°. El polígono resultante *tesela* por traslación.

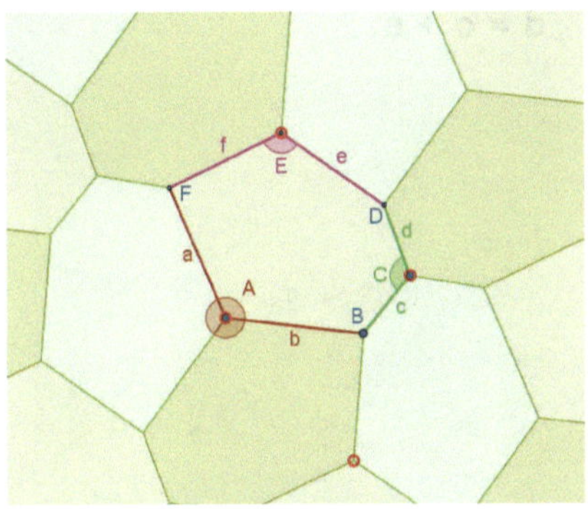

El caso del pentágono es el único que sigue abierto[5]. Es decir, todavía no se conoce una clasificación exhaustiva de los pentágonos que pueden teselar el plano. Hasta el año 2015 se conocían catorce familias de pentágonos con los que se puede recu-

[5] En mayo del 2017 Michaël Rao afirmó haber demostrado que las familias ya conocidas son todas las que hay.

brir el plano. En julio de 2015 apareció un nuevo pentágono *teselador*. Que yo sepa, hasta el momento no han sido hallados nuevos tipos, pero tampoco existe una demostración de que no pueda haber más.

Las cinco primeras familias fueron descubiertas por Reinhardt en 1918.

Tipo 1

A + B + C = 360°

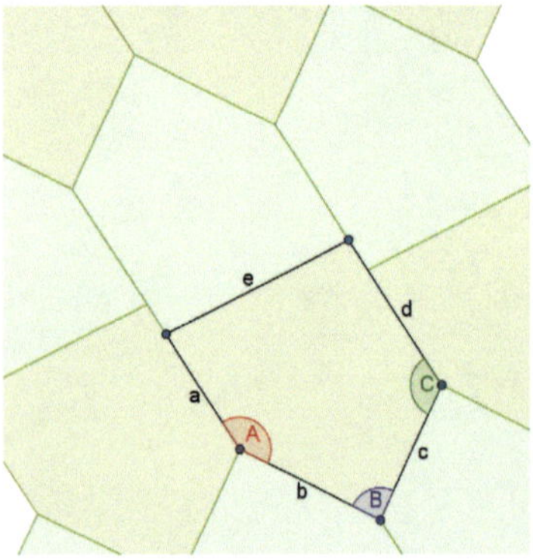

Tipo 2

A + B + D = 360°

a = d

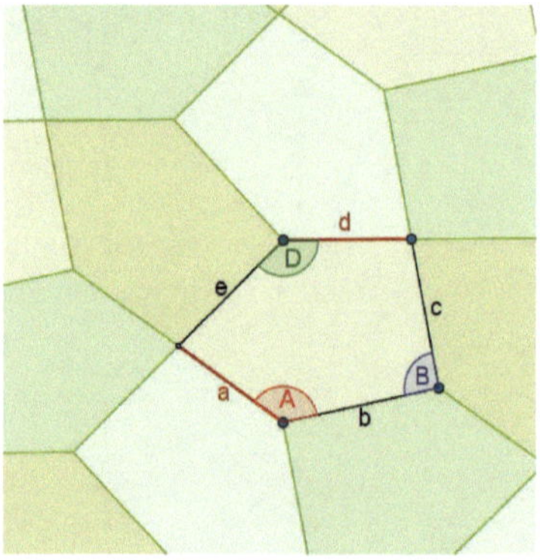

Tipo 3

A = C = D = 120°

a = b

d = c + e

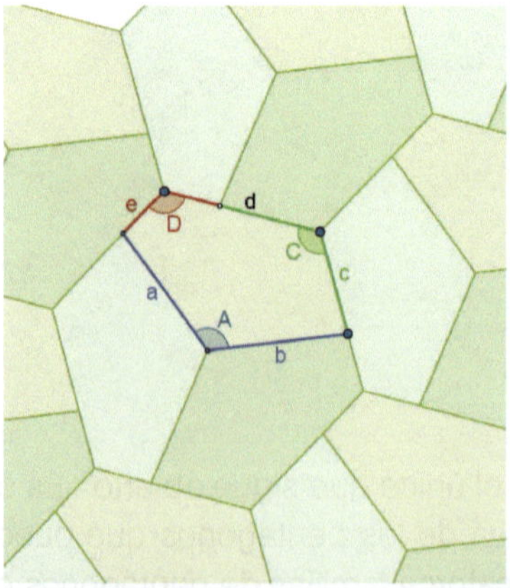

En los tres casos, mediante simetrías obtenemos uno de los hexágonos de las familias anteriores que *teselan* el plano.

Tipo 4

A = C = 90°

a = b

c = d

Si se rota sucesivas veces 90° el pentágono alrededor del vértice **A**, el dodecágono resultante *tesela* por traslación.

También se obtiene un hexágono de lados paralelos que tesela el plano. Cuando el pentágono es equilátero, tendría simetría axial; en este caso la tesela se conoce como *pentágono Cairo*.

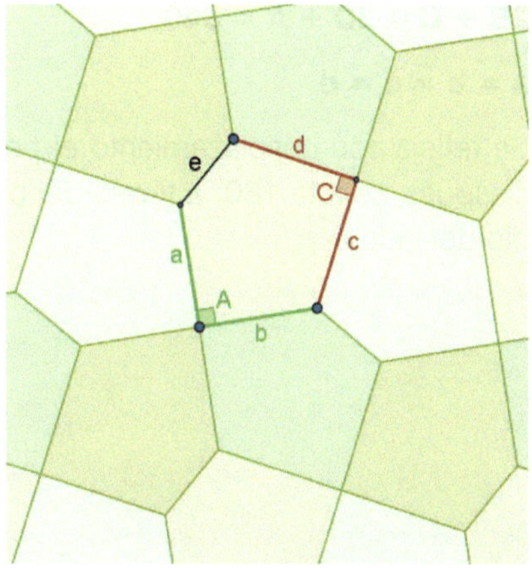

Tipo 5

A = 60°

C = 120°

a = b

c = d

Se rota seis veces 60° el pentágono alrededor del vértice **A**, y el polígono resultante *tesela* el plano.

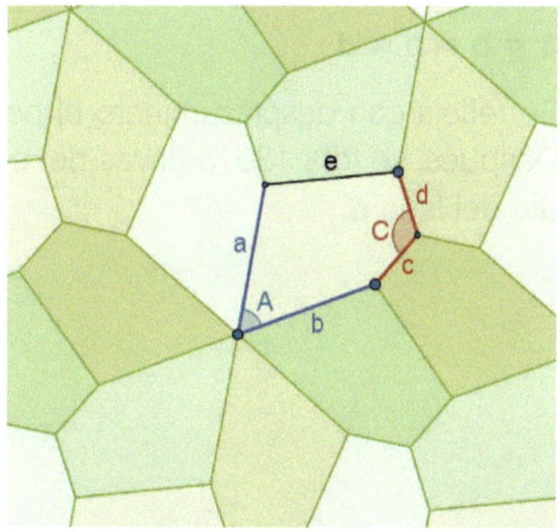

Hay tres tipos más descritos por Kershner en 1968:

Tipo 6

A + B + D = 360°

A = 2C

a = b = e

c = d

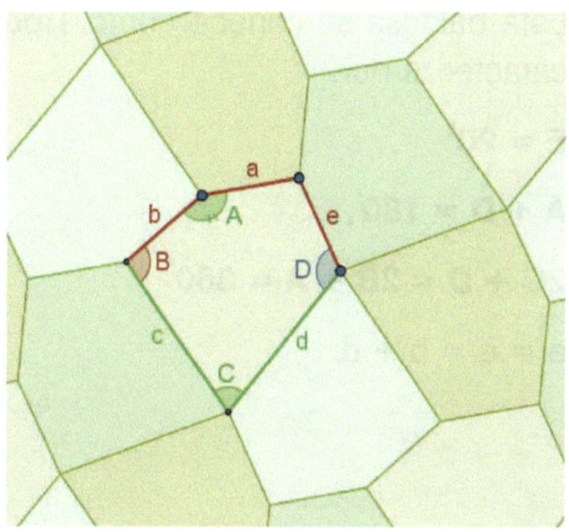

Tipo 7

2B + C = 2D + A = 360°

a = b = c = d

Se refleja con desplazamiento el pentágono. Después, se rota 180° a través del punto medio del lado **c**.

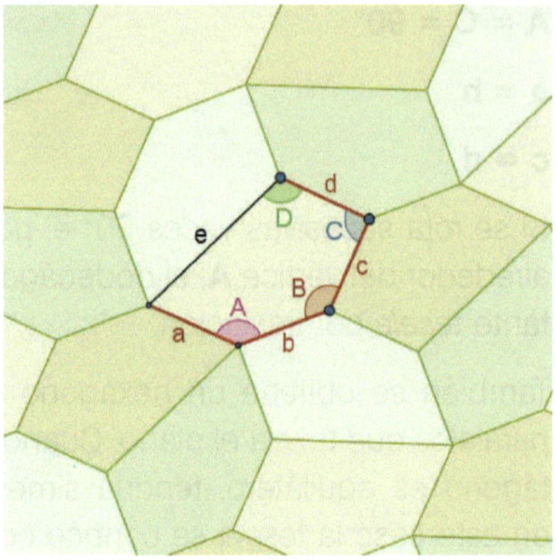

Tipo 8

2A + B + 2D + C = 360°

a = b = c = d

Se refleja con desplazamiento el pentágono. Después, se rota 180° a través del punto medio del lado **d**.

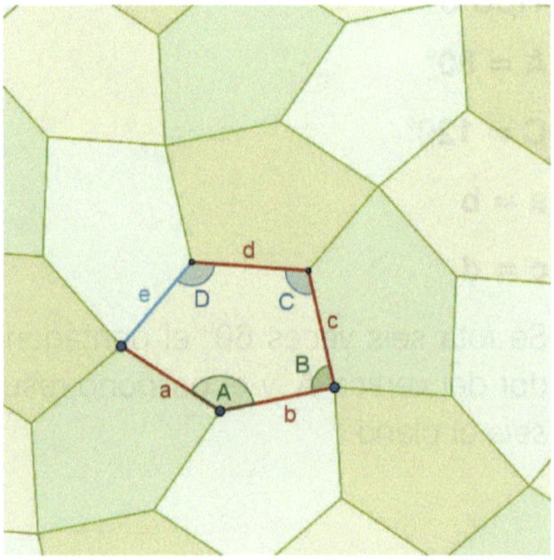

Tras la publicación de esta información en un artículo, en 1975, Gardner recibió una carta del informático Richard James, en la que le enviaba una nueva *teselación* y le planteaba: *"¿No le parece que Kershner se ha dejado este caso?"*.

Esta baldosa se conoce como **Tipo 10** y se caracteriza por:

E = 90°

A + D = 180°,

2C + D = 2B + A = 360°

a = e = b + d

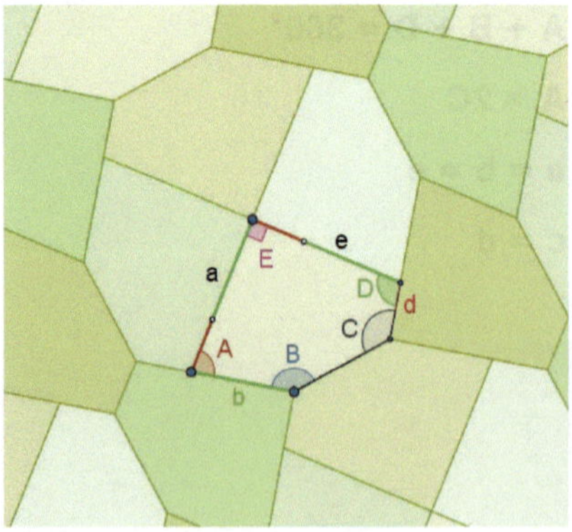

Y en el año 1976 surge un rumbo nuevo en el estudio de estas familias de pentágonos. Marjorie Rice, ama de casa, sin más formación matemática que la que proporciona un Bachillerato, había leído sobre el tema en la columna de Martin Gardner en *Scientific American*, se apasionó por el estudio de estas familias de pentágonos y encontró cuatro tipos más, desarrollando su propio método y su propia notación.

Tipo 9

$2E + B = 360^\circ$

$2D + C = 360^\circ$

$a = b = c = d$

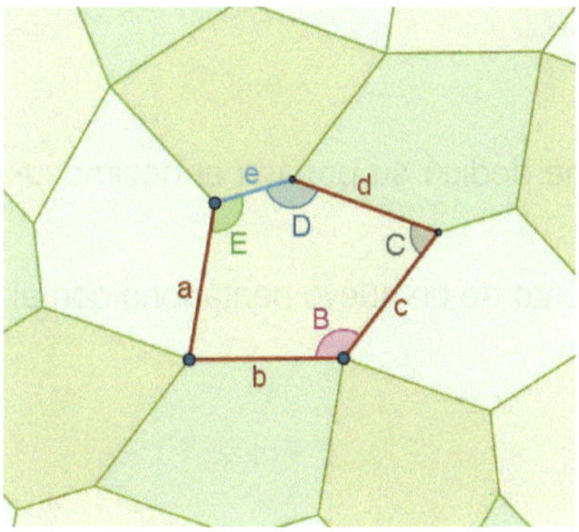

Tipo 11

$A = 90^\circ$

$C + E = 180^\circ$

$2B + C = 360^\circ$

$d = 2a + c$

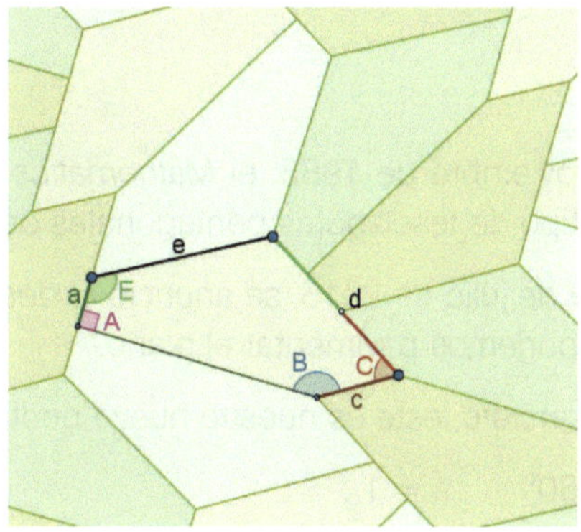

Tipo 12

$A = 90^\circ$

$C + E = 180^\circ$

$2B + C = 360^\circ$

$2a = c + e = d$

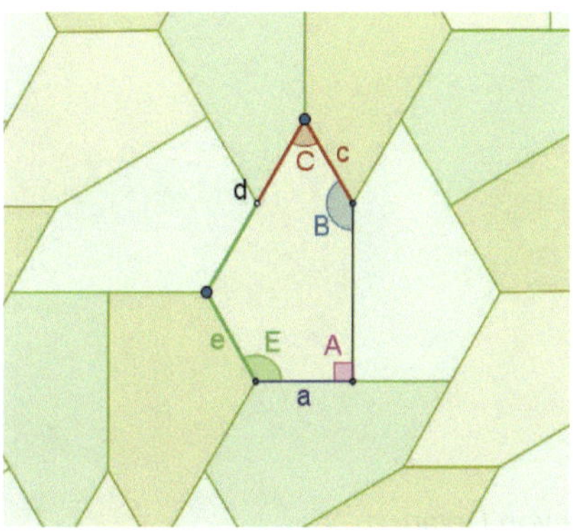

Tipo 13

$A = C = 90^\circ$

$2B = 2E = 360^\circ - D$

$2c = e$

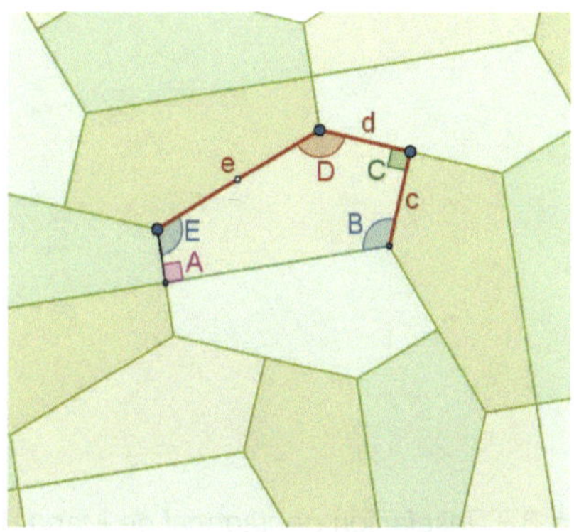

En 1985 fue descubierto un decimocuarto tipo, por **Rolf Stein**, estudiante de Matemáticas de segundo ciclo en la Universidad de Dortmund.

Tipo 14

D = 90°

2E + A = 360°

C + A = 180°

B + D + E = 360°

2a = 2d = b = c

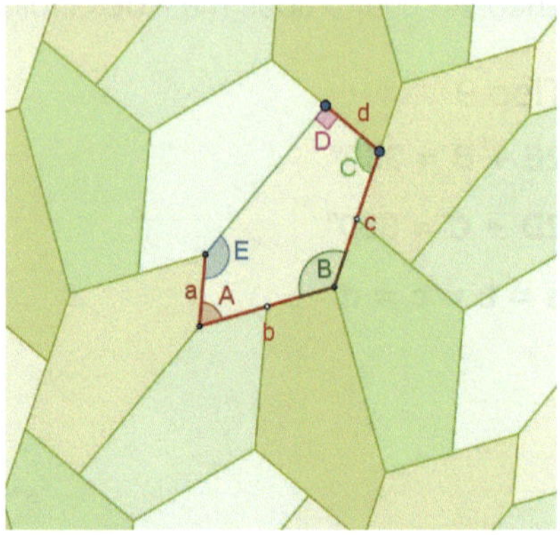

En noviembre de 1985, el *Mathematics Magazine* dedicó su portada al decimocuarto tipo de teseladores pentagonales del plano.

El 29 de julio de 2015, se anunció el descubrimiento de un nuevo pentágono con el que podemos pavimentar el plano.

En concreto, este es nuestro nuevo pentágono:

$A = 60^\circ$ $a = 1$

$B = 135^\circ$ $b = 1/2$

$C = 105^\circ$ $c = \dfrac{1}{\sqrt{2}\,(\sqrt{3} - 1)}$

$D = 90^\circ$ $d = 1/2$

$E = 150^\circ$ $e = 1/2$

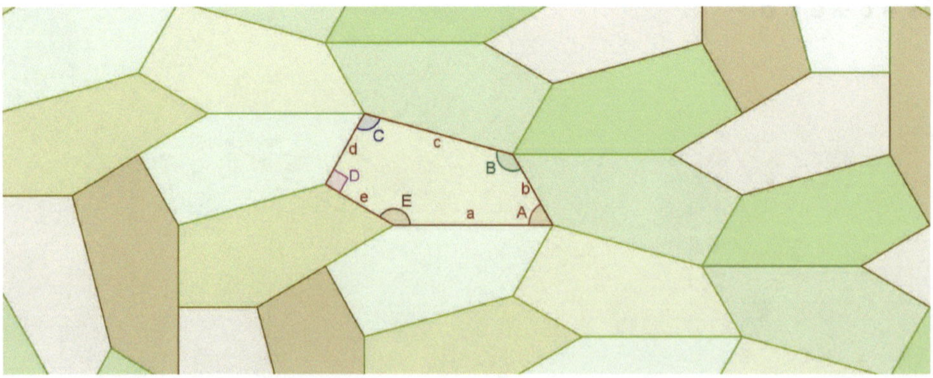

Figura 3.8. *Teselación pentagonal de Mann, McLoud y Von Derau.*

No hay detrás una familia de pentágonos. Es único, salvo semejanzas.

Los autores son Casey Mann, Jennifer McLoud y David von Derau, de la Universidad de Washington Bothell.

Después de este hallazgo, los tipos de pentágonos convexos que teselan el plano hasta el día de hoy son los siguientes:

Figura 3.9. *Todos los teselados del plano con pentágonos convexos*[6].

En el libro *Aha! Solutions* [1], dedicado a Martin Gardner, **Martin Erickson** propone el siguiente problema:

Si tenemos dos triángulos con el mismo perímetro y la misma área, ¿hay alguna forma de cortar el primer triángulo en un número finito de piezas que puedan ensamblarse para formar el segundo triángulo?

Se sabe que, dadas dos figuras poligonales equivalentes, pueden ser troceadas de forma que podemos pasar recomponiendo las piezas de una a otra. Debemos entender que lo que se nos propone es si hay alguna manera que aproveche el que además los triángulos tengan igual perímetro.

¡Anímate y trata de buscar una solución!

La solución que presenta Martin Erickson es la siguiente:

Como los triángulos tienen la misma superficie y el mismo perímetro, entonces el radio del círculo inscrito mide lo mismo en los dos triángulos.

Vamos ahora a convertir cada uno de los triángulos en un mismo rectángulo.

---

[6] Ed Pegg Jr., vía Wikimedia Commons.

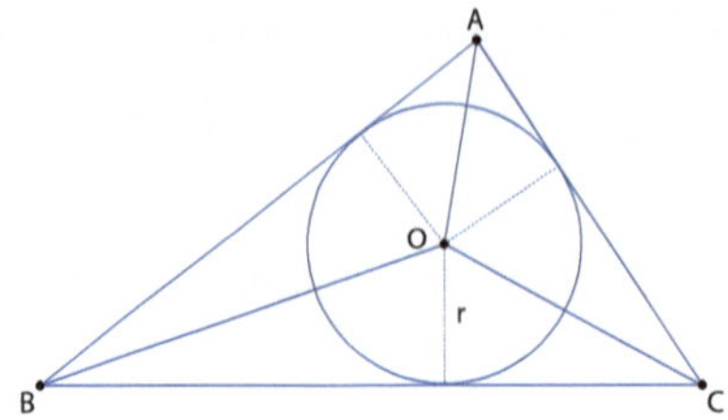

Figura 3.10. *División del primer triángulo en tres triángulos con la misma altura.*

Se recorta el triángulo ABC en los triángulos AOB, BOC y COA, donde O es el incentro. Con giros con centros en B y C, colocamos los tres triángulos apoyados en una misma línea:

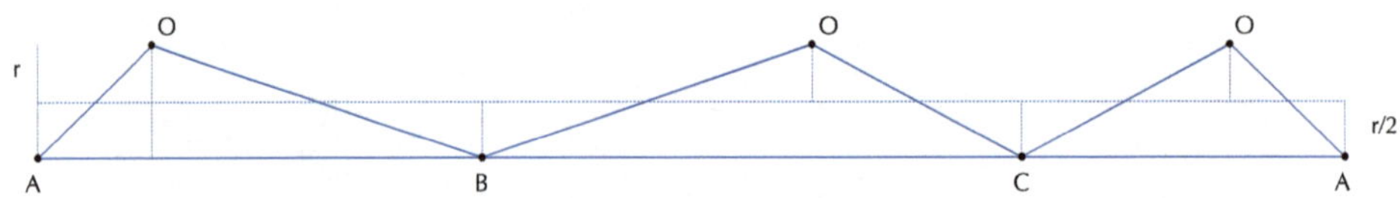

Figura 3.11. *Cómo obtener un rectángulo con el área del triángulo de partida y base igual a su perímetro.*

Recortamos cada triángulo en tres piezas y reordenamos las piezas para construir un rectángulo de la misma área. La base del rectángulo es el perímetro, y la altura, la mitad del radio de la circunferencia inscrita. Hacemos lo mismo con el otro triángulo:

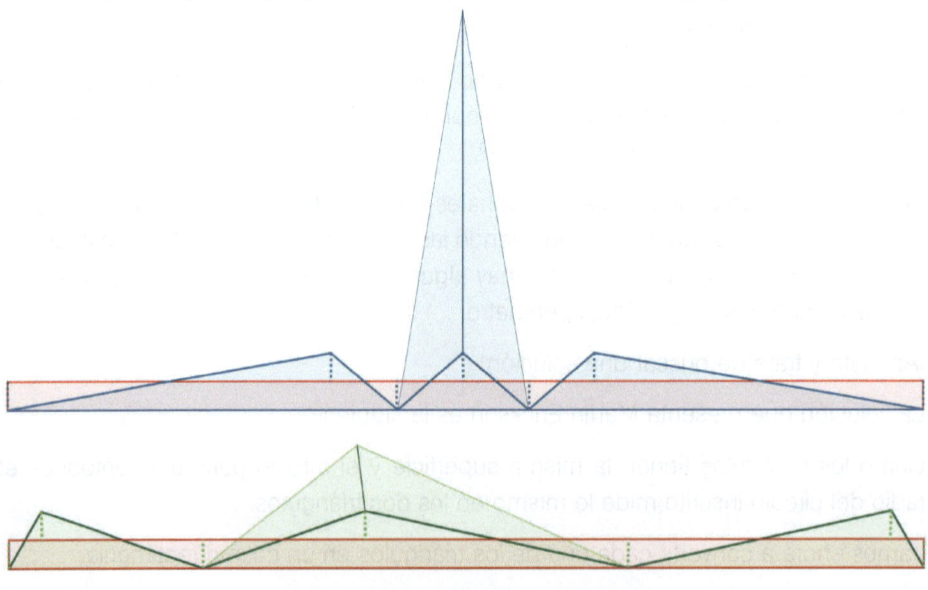

Figura 3.12. *Rectángulos para los triángulos de lados 4, 12, 12 y 6, 9, 13.*

Superponemos los dos rectángulos y recortamos adecuadamente:

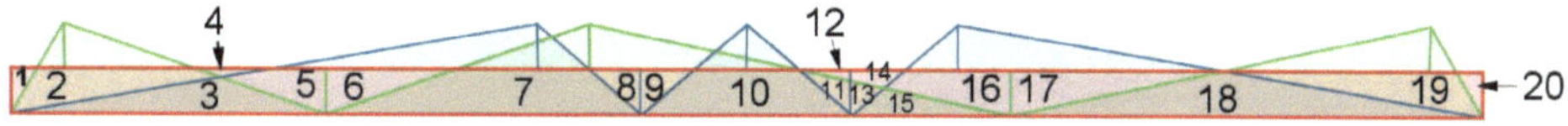

Figura 3.13. *Piezas necesarias para obtener los dos triángulos.*

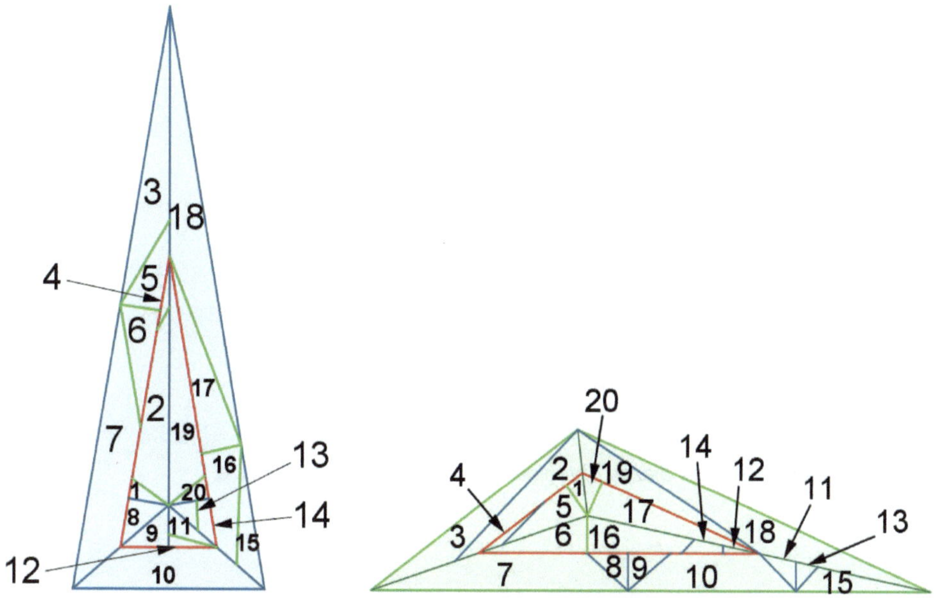

Figura 3.14. *Reconstrucción de los dos triángulos.*

Este sería el resultado aplicado al caso particular de los triángulos cuyas medidas son 4, 12, 12 y 6, 9, 13. Ambos tienen de perímetro 28 y de área 35.

El problema está resuelto, pero aparecen demasiados trocitos. Desde el punto de vista estético, la solución no es espectacular.

También podríamos convertir los triángulos en dos trapecios isósceles equivalentes de igual paralela media, y luego hacer la transformación entre ellos.

Para ello, partimos de nuevo de la división del triángulo en tres triángulos a partir del incentro, y con simetrías axiales sobre mediatrices de dos lados pasamos a la figura del trapecio isósceles.

Y, en este caso, para los triángulos de medidas 221, 120, 149 y 85, 200, 205, la situación sería la siguiente:

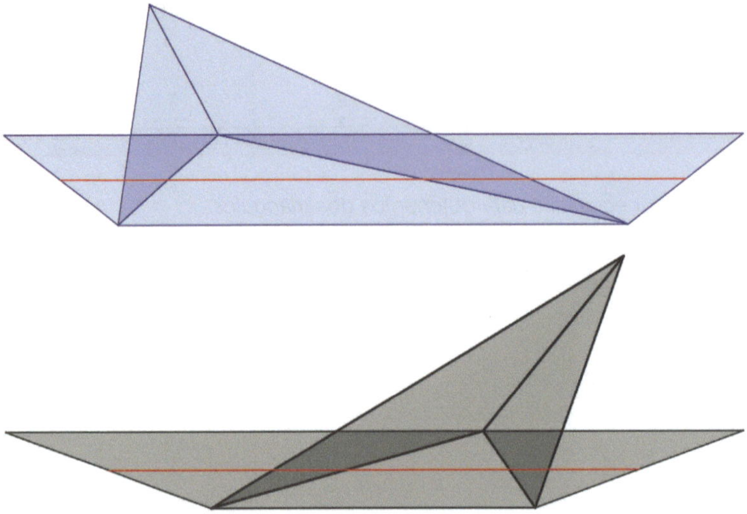

Figura 3.15. *Los dos trapecios isósceles.*

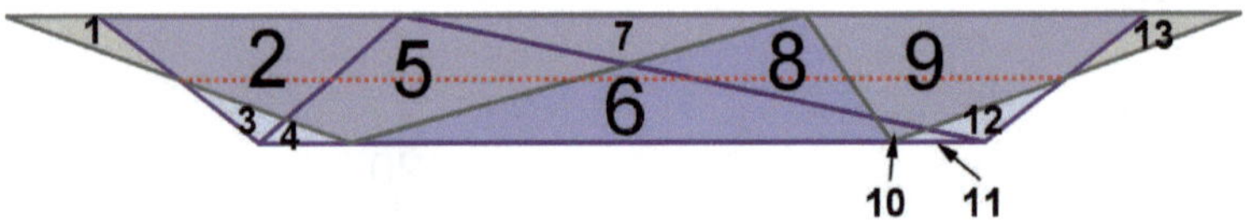

Figura 3.16. *Las piezas obtenidas a partir de los dos trapecios.*

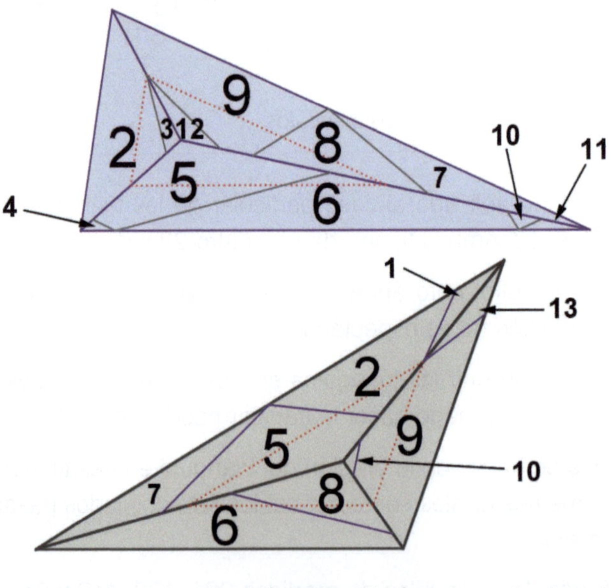

Figura 3.17. *Reconstrucción de los dos triángulos. Obsérvese que la pieza 1 equivale a las 3 y 4 pegadas, y con la 11 y la 12 obtenemos la pieza 13.*

Sin embargo, de nuevo, el número de trocitos no satisface nuestras expectativas, aunque no se podrá negar la belleza del viaje. Habremos aprendido, además, revisando los pasos, cómo encontrar triángulos de igual área y perímetro a partir de uno dado.

Puzles

En el libro *Nuevos pasatiempos matemáticos* [3] (*New Mathematical Diversions*), Gardner dedica un capítulo a los poliminós, unas configuraciones que recubren cuadrados adyacentes de un tablero de ajedrez. Su creador fue Solomon W. Golomb, quien los introdujo en los años 50 y fundamentalmente trabajó con las posibilidades matemáticas y recreativas de los pentominós. Los poliminós que recubren cuatro cuadrados adyacentes del tablero de ajedrez se llaman tetraminós.

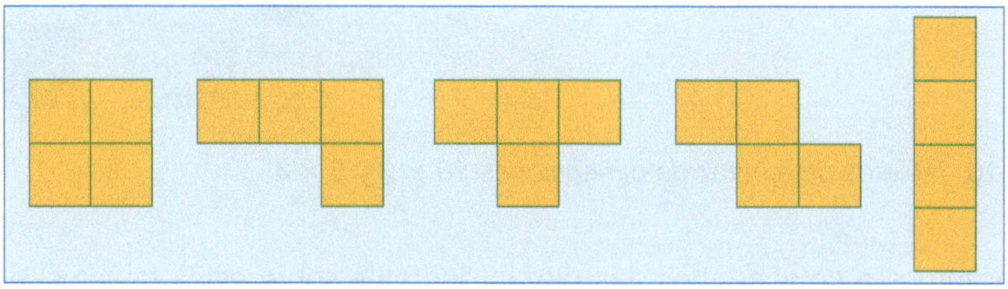

Figura 3.18. *Los cinco tetraminós.*

A mediados de los años 80, inspirado en los pentominós, Alekséi Pázhitnov, un informático de la Unión Soviética, diseñó y programó el *tetris*[7], que se convirtió en uno de los videojuegos más populares de la historia.

Con mucha anterioridad, en el citado libro [3], editado en 1966, ya se resolvía la siguiente cuestión: **Con las 5 piezas del tetris, es decir, los 5 tetraminós, no se puede formar un rectángulo.** Las únicas medidas posibles para el rectángulo son, o bien 4 × 5, o bien 2 × 10, porque el área tiene que ser igual a 20.

En estos casos, lo mejor es empezar a jugar:

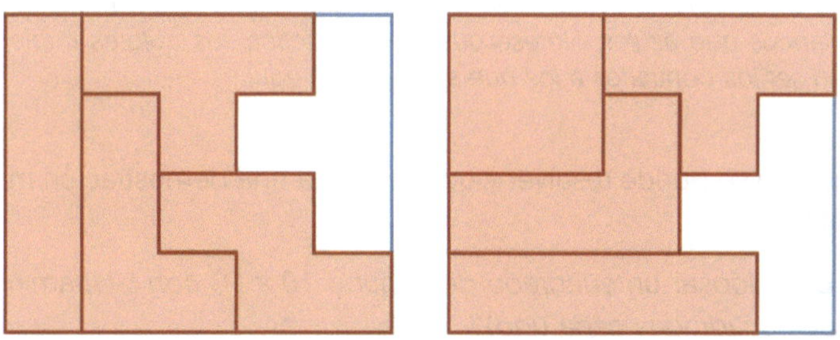

Figura 3.19. *Para el cuadrado de 4 × 5, parece que hay algo que no hemos hecho bien.*

---

[7] Disponible en https://es.wikipedia.org/wiki/Tetris.

Cuando nos enfrentamos a un juego de este tipo, hay dos opciones. Puede que tenga solución, suele ser lo más común, en cuyo caso intentaremos obtenerla buscando una estrategia que nos permita encontrarla. Pero puede que no tenga solución, y en ese caso habrá que *demostrarlo*.

En nuestro caso, para demostrarlo, coloreamos los cuadraditos de los rectángulos como si fueran un tablero de ajedrez:

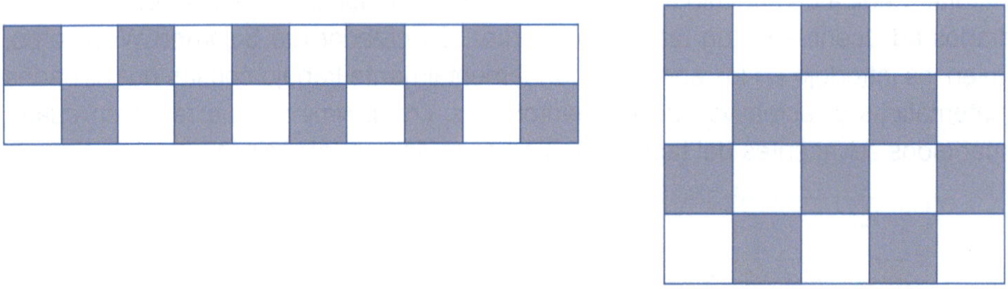

Figura 3.20. *Tableros de ajedrez de dimensiones 10 × 2 y 5 × 4.*

Si comenzamos a colocar ahora las piezas del tetris sobre estos tableros, observamos que cuatro de ellas siempre cubren dos cuadraditos blancos y dos azules mientras que la restante, la que tiene forma de "T", cubre tres de un color y uno del otro. Vemos entonces que no es posible cubrir ninguno de los tableros porque estos tienen el mismo número de casillas de cada color.

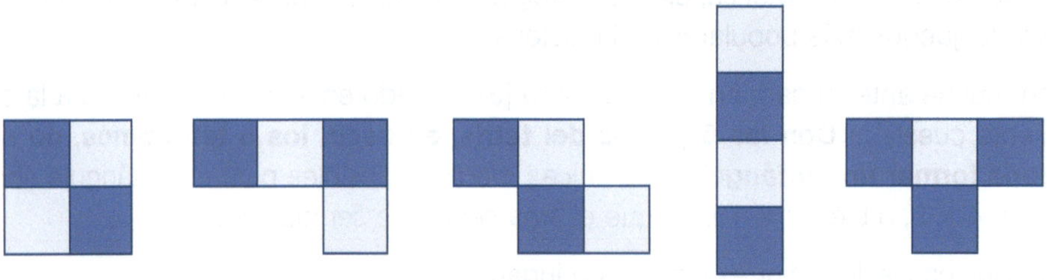

Figura 3.21. *A la derecha, la única pieza del tetris que nunca cubre el mismo número de cuadraditos blancos que azules. Nótese que, en la práctica, los colores cubiertos sobre el tablero pueden ser los contrarios a los que se muestran aquí.*

Otro puzle que no se puede resolver y que presenta una demostración muy parecida es el siguiente:

¿Es posible embaldosar un cuadrado de tamaño 10 × 10 con L-tetraminós (que tienen 4 unidades cuadradas cada uno)?

Figura 3.22. *Tablero de dimensiones 10 × 10 con L-tetraminós recubierto.*

Los autores son Fuchs y Tabachnikov [2] y la solución aparece en *Famous Puzzles of great Mathematicians*, de Miodrag S. Petkovic [9].

Rellenamos el tablero con unos y cincos como sigue:

Cada L-tetraminó puede cubrir, o bien tres unos y un cinco, que suman 1 + 1 + 1 + 5 = 8, o bien tres cincos y un uno, cuya suma es 5 + 5 + 5 + 1 = 16.

1	1	1	1	1	1	1	1	1	1
5	5	5	5	5	5	5	5	5	5
1	1	1	1	1	1	1	1	1	1
5	5	5	5	5	5	5	5	5	5
1	1	1	1	1	1	1	1	1	1
5	5	5	5	5	5	5	5	5	5
1	1	1	1	1	1	1	1	1	1
5	5	5	5	5	5	5	5	5	5
1	1	1	1	1	1	1	1	1	1
5	5	5	5	5	5	5	5	5	5

Figura 3.23. *Distribución de unos y cincos en el tablero de 10 × 10.*

En los dos casos la suma es múltiplo de 8, mientras que la suma total de los unos y los cincos del tablero es $10 \times 5 + 50 \times 5 = 300$, que no es múltiplo de 8.

Lo que he mostrado en este artículo forma parte de una comunicación realizada en la "Celebration of Mind Gathering for Gardner" en noviembre de 2015 en la Facultad de Matemáticas de la Universidad Complutense de Madrid. Más allá de escribir en un papel algunas de las cosas allí presentadas, me gustaría compartir con los futuros lectores ese tesoro que es el mundo de lo racional, como lo hizo Gardner.

Agradezco de corazón la colaboración que me han prestado para presentar este trabajo a Jesús García Gual y Rafael Losada.

Lecturas recomendadas, y más...

[1] Erickson, M.: *Aha! Solutions*. MAA. Traducido al español *Soluciones ¡Ajá!*. Biblioteca Estímulos Matemáticos, RSME-SM, 2009.

[2] Fuchs, D. y Tabachnikov, S.: *Mathematical Omnibus*. AMS , 2007.

[3] Gardner, M.: *Nuevos pasatiempos matemáticos*. Alianza Editorial, 1972.

[4] Gardner, M.: *Hexaflexagons and other mathematical diversions*. The University of Chicago Press, 1988.

[5] Gardner, M.: *Viajes por el tiempo y otras perplejidades matemáticas*. Labor, 1988.

[6] Kershner, R. B.: "On paving the plane!, *The American Mathematical Monthly*, 75, 839-844, 1968.

[7] Klarner, D.: *Mathematical Recreations*. A Collection in Honor of Martin Gardner. Ed. David A. Klarner, 1998.

[8] Niven, I.: "Convex Polygons that Cannot Tile the Plane", *The American Mathematical Monthly*, 85, 785-792, 1978.

[9] Petkovic, M.: *Famous Puzzles of Great Mathematicians*. AMS, 2009.

Capítulo cuatro

La magia de los números perfectos

Antonio Pérez

Difícil nos sería dar con un conjunto de números enteros cuyas propiedades y cuya historia fuesen más fascinantes (y más completamente inútiles), o se encontrasen rodeados de misterio más profundo que el de los números perfectos y el de sus parientes más cercanos, los números amigos.

Martin Gardner

Festival mágico-matemático

Así empezaba el capítulo con el que Gardner nos introducía en ese mundo pitagórico, mitad mágico mitad místico, de la aritmética de los números naturales. Sí, los números más simples, esos que nos sirven para contar, encierran un apasionante mundo de misterios, de relaciones cautivadoras, de sorpresas y de embrujo. Y uno de esos universos encantados es el aristocrático mundo de los números perfectos.

En matemáticas, como en la vida misma, lo simple y lo sencillo suele ser a la postre lo más bello. Y qué más simple que los números naturales. Esta pretendida simplicidad y las sorprendentes relaciones entre ellos ya atrajeron la atención de los fundadores de las matemáticas, los pitagóricos. A ellos les debemos todas las clasificaciones tan familiares de los números: pares, impares, primos, compuestos, abundantes, deficientes... ¡y **perfectos**!

El mejor de los nombres para una definición anodina: *Un número perfecto es aquel que coincide con la suma de sus partes alícuotas.*

En lenguaje más prosaico: un número perfecto es igual a la suma de sus divisores, excluido él mismo como divisor.

Seguramente, Dios creó el mundo en 6 días, porque 6 es un número perfecto: $6 = 1 + 2 + 3$. Según Gardner, es el mismo san Agustín en *La ciudad de Dios* quien afirma que si empleó seis días en lugar de crear el mundo en un instante fue para reflejar de esta manera la perfección del universo. Y puso a la Luna a dar vueltas alrededor de la Tierra, una vez cada 28 días, porque 28 es otro número perfecto: $28 = 1 + 2 + 4 + 7 + 14$.

Ya no se le ocurrió qué hacer con el siguiente número perfecto, 496, y parece que lo dejó en paz: $496 = 1 + 2 + 4 + 8 + 16 + 31 + 62 + 124 + 248$.

Y los hombres tomaron el relevo de la divinidad y siguieron investigándolos atraídos por su magia y por su notable escasez. Los números perfectos, como los hombres (o las mujeres) perfectos, son difíciles de encontrar. Euclides habla de ellos en los *Elementos*, en los tres libros dedicados a la Aritmética: VII, VIII y IX. Precisamente en este último, Euclides nos deja perplejos con la proposición 36, que es la que cierra el libro y que proporciona un método original para encontrar números perfectos:

> *Si tantos números como se quiera a partir de una unidad se disponen en proporción duplicada hasta que su total resulte primo, y el total multiplicado por el último produce algún número, el producto será perfecto.*

Lo llamativo del caso es que, a pesar de un resultado tan aplastante, del que por cierto Euclides nos da una preciosa demostración...¡geométrica!, Euclides solo habla de los dos primeros números perfectos, el 6 y el 28. En este esquema de construcción, 6 y 28 corresponden a los dos primeros casos posibles:

$(1 + 2) \cdot 2 = 3 \cdot 2 = 6$

$(1 + 2 + 2^2) \cdot 2^2 = 7 \cdot 4 = 28$

Algo parecido le ocurre a Teón de Esmirna, a caballo entre el siglo I y el II d. C. en su obra *Expositio Rerum Mathematicarum*. Se atasca en el 28.

El gran impulsor de los números perfectos, y de paso de los números poligonales, es un neopitagórico militante: Nicómaco de Gerasa, a principios del siglo II. Su libro *Introducción a la Aritmética* acabaría convertido en una especie de libro de texto a lo largo de la Edad Media. Fue publicado en dos tomos por Wechel en 1538, y posteriormente por Nobbe en 1862 y por Pistelle en 1894. En él introduce los términos *números abundantes* y *números deficientes* para aquellos cuyos divisores propios suman, respectivamente, más o menos que el propio número. Los términos "abundante" y "deficiente" seguramente están elegidos pensando en la cantidad de divisores del número:

> *[...] En lo que se encuentra entre demasiado y demasiado poco, es decir en el igual, se produce la virtud, la medida justa, la armonía y la belleza, del que la forma más ejemplar es la especie de número llamado* perfecto.

Como buen pitagórico, Nicómaco de Gerasa habla de los números como de seres vivos, con propiedades no solo físicas sino también morales, que definen su propia esencia. En el fondo los números son la sustancia de todas las cosas. En el capítulo XVI de su libro, nos dice lo siguiente:

> *Encontramos que, igual que las cosas bellas y excelentes son escasas y fáciles de contar, mientras que las cosas feas y viles abundan, de igual forma los números abundantes y los deficientes son muy numerosos y se los encuentra sin regla y sin concierto, mientras que los números perfectos son fáciles de contar y dispuestos según un orden conveniente. Así encontramos uno solo entre las unidades, el 6; otro solo entre las decenas, el 28; un*

tercero entre las centenas, el 496 y un cuarto en el interior de los millares, el 8128. Y encontramos que terminan alternativamente en 6 y en 8 y que siempre son pares.

Por fin aparecen los cuatro primeros números perfectos de forma explícita: 6, 28, 496, 8128. Además, Nicómaco traduce a lenguaje sencillo la proposición de Euclides. En palabras actuales:

Si la suma de las n *primeras potencias de 2 es un número primo, entonces el producto de la suma por la última potencia sumada es un número perfecto.*

Si $(1 + 2 + 2^2 + ... + 2^n)$ es primo, entonces $(1 + 2 + 2^2 + ... + 2^n) \cdot 2^n$ es perfecto.

$(1 + 2 + 2^2 + 2^3 + 2^4) \cdot 2^4 = 31 \cdot 16 = 496$

$(1 + 2 + 2^2 + 2^3 + 2^4 + 2^5 + 2^6) \cdot 2^6 = 127 \cdot 64 = 8128$

¡Perfecto! Todo parece encajar a la perfección. Pero Nicómaco de Gerasa se aventura por caminos mucho más peligrosos. En su *Introducción a la Aritmética* presenta algunos resultados sin probarlos[8]. Así, afirma que entre 10 000 y 100 000 ha de haber un número perfecto y solo uno. Y lo mismo ha de suceder entre 100 000 y 1 000 000. Y entre 10^6 y 10^7... y, en general, entre 10^n y 10^{n+1}.

Pero no nos dice cuáles son los números perfectos de 5, 6 y 7 cifras. En realidad, no nos da ninguno a partir de 8128... No estaba dispuesto a perder su tiempo comprobando si $(1 + 2 + 2^2 + 2^3 + 2^4 + 2^5 + ... + 2^n) = 2^{n+1} - 1$ era o no un número primo para cada valor de n a partir de 6.

Los diez primeros números perfectos

¿Por qué Nicómaco no siguió con la lista? Se había equivocado en algo...

Por cierto, los números de la forma $2^k - 1$ que son primos son los populares primos de Marin Mersenne. El más grande conocido en la actualidad, "descubierto" el 7 de enero de 2016, es: $2^{74\,207\,281} - 1$. Un número con 22 338 618 dígitos. Es el 49º número primo de Mersenne, así que podemos afirmar que el mayor número perfecto conocido hasta la fecha es el siguiente:

$(2^{74\,207\,281} - 1) \cdot 2^{74\,207\,280}$

Y por ahora es el cuadragésimo noveno número perfecto. ¡Solo 49 números perfectos con menos de 23 millones de dígitos! Efectivamente, son escasos. ¡Muy escasos!

En su escrito Nicómaco afirma que hay infinitos. ¿En qué se basaría? ¿Simple intuición?

Ni Nicómaco ni nadie después ha podido demostrar que sea cierto y tampoco se ha ha demostrado que no lo sea. ¿Existirán de verdad infinitos números perfectos? Cuan-

---

8 Bueso Montero, J. L. *Números perfectos, matemáticos imperfectos*. Discurso de entrada en la Academia de Ciencias Matemáticas, Físico-Químicas y Naturales de Granada.

do Euclides hace su demostración de la proposición 36 del libro IX y encuentra la máquina de fabricar números perfectos, nunca pensó que sería una máquina con tan poca productividad. Tanto esfuerzo para tan poco fruto. De hecho, hasta el siglo XX solo se conocían nueve números perfectos.

Es Johann Müller (1436-1476), también conocido como *Regiomontano*, el matemático de Königsberg, quien alrededor de 1460 encontrará el quinto número perfecto. El quinto número perfecto es $(2^{13} - 1) \cdot 2^{12} = 33\,550\,336$.

Un número de ocho dígitos, que viene a refutar la afirmación de Nicómaco de Gerasa de que sería un número de cinco cifras.

El sexto y el séptimo se los debemos a un matemático boloñés del siglo XVI, poco conocido, Pietro Antonio Cataldi, que tuvo la santa paciencia de hacer una tabla con la factorización de los 800 primeros números naturales. El sexto y el séptimo números perfectos son los siguientes:

$(2^{17}-1) \cdot 2^{16} = 8\,589\,869\,056$

$(2^{19}-1) \cdot 2^{18} = 137\,438\,691\,328$

¡Diez y doce dígitos! No está mal... Animado por el éxito, Cataldi afirmó, sin ofrecer la prueba, en su *Tratado de los números perfectos* (1603), que para los exponentes $p = 2, 3, 5, 7, 13, 17, 19, 23, 29, 31, 37$ la expresión $2^{p-1}(2^p - 1)$ daba números perfectos. Tenía razón para los primeros, para $p = 2, 3, 5, 7, 13, 17, 19$, pero solo una de sus cuatro siguientes aserciones 23, 29, 31, 37 es correcta, la correspondiente a 31.

Será Pierre de Fermat el encargado de demostrar que los exponentes 23 y 37 no proporcionan números perfectos. Sin embargo, nada dice de 29 y 31. Y no es de extrañar, ya que como afirma el propio Mersenne hablando del trabajo de factorizar estos números de tantos dígitos:

> *[...] Para decir que un número dado de 15 o 20 dígitos es primo, o no, haría falta todo el tiempo del mundo.*

Por cierto, Nicómaco estaba en un error pues, en contra de su afirmación de la alternancia entre las cifras 6 y 8 como terminaciones, el quinto y el sexto números perfectos terminan ambos en 6. Se le puede disculpar el lapsus sobre todo pensando en sus escasas herramientas de cálculo aritmético. Con un ábaco no se podía ir muy lejos...

Para encontrar el siguiente, el octavo, hay que esperar casi doscientos años y, ¡cómo no!, viene presentado por un genio: el mismísimo Euler, en 1732.

$$(2^{31}-1) \cdot 2^{30} = 2\,305\,843\,008\,139\,952\,128 \qquad \text{(19 dígitos)}$$

De paso, demostró que el número $(2^{29}-1)$ no era primo y por tanto $(2^{29}-1) \cdot 2^{28}$ no es un número perfecto, como veremos más adelante.

A lo largo del siglo XIX solo se descubrirán dos nuevos números perfectos. El duodécimo correspondiente al exponente 127, $(2^{127}-1)\cdot 2^{126}$, descubierto por el francés Édouard Lucas en 1876, y el noveno correspondiente al exponente 61, $(2^{61}-1)\cdot 2^{60}$, hallado por el ruso Pervushin en 1883.

El décimo y el undécimo y todos los que les siguen hasta el 38 se han descubierto ya en el siglo XX. Y los últimos once a partir del año 2000. Cuando Martin Gardner actualizó la sexta edición de su *Mathematical Magic Show*, en 1978, nos proporcionó la lista de los 24 números perfectos conocidos hasta entonces; el último, hallado por Bryant Tuckerman en 1971, tenía 12 003 dígitos. En la actualidad conocemos más del doble, 49 números perfectos, y el último supera los 22 millones de dígitos. Pero la carrera continúa.

En algo llevaba razón Nicómaco: todos los números perfectos pares terminan en 6 o en 8.

La demostración no es complicada. Las potencias de 2 terminan de forma secuencial en 2, 4, 8 y 6.

n	**Terminación de 2^n**	**Terminación de $2^{n+1}-1$**	**Terminación de $(2^{n+1}-1)\,2^n$**
1, 5, 9, ...	2	3	6
2, 6, 10, ...	4	7	8
3, 7, 11,...	8	5 (no es primo)	0
4, 8, 12, ...	6	1	6

Para los valores de n = 1, 5, 9..., solo el primero proporciona un número perfecto, el 6. El resto, al ser $n+1$ par, hace que $(2^{n+1}-1)$ se pueda descomponer en dos factores distintos de la unidad. En efecto, si $n+1=2k$, entonces $2^{n+1}-1=2^{2k}-1=(2^k+1)\cdot(2^k-1)$. Por tanto, $2^{n+1}-1$ no es primo.

Los demás números perfectos salen de las filas segunda y cuarta y, por tanto, terminan forzosamente en 6 u 8, aunque no de forma alternada. Es más, todos terminan en 6 o en 28, como los dos primeros números perfectos.

Lo que sí está claro es que todos los números perfectos generados con la fórmula de Euclides son pares. Pero ahora nos asalta otra duda: ¿habrá números pares que sean perfectos y que no se ajusten a esa fórmula? Es decir, ¿será cierto el recíproco de la proposición 36 de Euclides para los números pares?

Teorema de Euclides-Euler de los números perfectos

Si la suma de las *n* primeras potencias de 2 es un número primo, entonces el producto de la suma por la última potencia sumada es un número perfecto. Y además todo número perfecto par es de esta forma.

Leonhard Euler (1707-1783).

Y, otra vez, Euler. En su *Tractatus de Numerorum Doctrina*, nos proporciona una demostración que luego completará en su obra *De Numeris Amicabilibis*.

Veamos esta demostración, según sus propias palabras:

Un número perfecto N es un número que cumple que la suma de sus divisores S(N) es dos veces más grande que él mismo. Así, si $S(N) = 2 \cdot N$*, N es un número perfecto.*

Si N es par, será de la forma $2^n \cdot A$*, siendo A un número impar, primo o compuesto. Ahora bien, si* $N = 2^n \cdot A$*, tendremos que* $S(N) = (2^{n+1} - 1) \cdot S(A)$*, de donde se deduce que* $\frac{S(A)}{A} = \frac{2^{n+1}}{2^{n+1} - 1}$*.*

Como el numerador de la fracción de la derecha es una unidad mayor que el denominador, no puede superar a la suma de los divisores del denominador, es decir, es igual o inferior a esta suma. En el segundo caso no hay solución, y en el primero no existirá solución a menos que $2^{n+1} - 1$ *sea un número primo. Así, cada vez que* $2^{n+1} - 1$ *sea un número primo, es preciso tomar* $A = 2^{n+1} - 1$*, y entonces tendremos un número perfecto* $N = 2^n \cdot (2^{n+1} - 1)$*.*

De esta manera, todos los números perfectos pares están contenidos en esta fórmula $2^n \cdot (2^{n+1} - 1)$*, con la condición de que* $(2^{n+1} - 1)$ *sea un número primo, lo que solo puede ocurrir si* $n + 1$ *es un número primo, aunque no es cierto que todo número primo de la forma* $n + 1$ *haga que* $2^{n+1} - 1$ *sea primo.*

Euler tiene en esta demostración un pequeño descuido, al suponer que al ser $\frac{2^{n+1}}{2^{n+1} - 1}$ irreducible, también lo ha de ser la fracción $\frac{S(A)}{A}$. Podría ocurrir que $\frac{S(A)}{A} = \frac{k \cdot 2^{n+1}}{k \cdot (2^{n+1} - 1)}$. Euler analizará este caso y demostrará que es imposible en su trabajo *De Numeris Amicabilibus*. Animamos al lector a que intente por su cuenta probar este caso, y al final del capítulo se da una posible demostración.

Pero Euler no se atreve a afirmar que estos sean los únicos números perfectos. Es más, sostiene que hasta entonces nadie ha encontrado otros, pero que eso no significa que no existan.

¿Existen números perfectos impares?

Descartes, en una carta a Mersenne, ya confiaba en poder demostrar que los únicos números perfectos pares eran los de Euclides, y que si había números perfectos impares tenían que ser el producto de un número primo por un cuadrado cuya raíz fuese un producto de números primos distintos.

Euler, otra vez Euler, comenzaría la carrera para descubrir cómo habría de ser ese raro ejemplar de número perfecto impar en el caso poco probable de que existiera...

> *Si existe un tal número perfecto tendrá la forma* $(4n + 1)^{4\lambda + 1} P^2$*, donde* P *es un número impar y* $4n + 1$ *un número primo.*

Sylvester, en 1888, basándose en el hecho de que la suma de los inversos de los divisores de un número perfecto es igual a 2, demostró, y no es muy complicado, que de existir un número perfecto impar debe tener al menos tres factores primos distintos. En la actualidad, gracias a la ayuda de potentes ordenadores, sabemos que de existir un número perfecto impar ha de tener al menos 8 factores primos distintos y que ha de ser mayor que 10^{300}.

A la mayoría de nosotros este dato nos haría pensar que es inútil proseguir la búsqueda de los números perfectos impares. Y, sin embargo, solo hay 12 números perfectos pares con menos de 300 cifras... El descubrimiento de números perfectos impares, o la demostración de que no hay que continuar buscando, sigue esperando.

Perfectos y simpáticos

La relación de propiedades curiosas de los números perfectos es muy amplia. Gardner nos brinda algunas en su *Festival mágico-matemático*[9]:

1. Todo número perfecto es un número triangular, es decir, se puede expresar como la suma de los n primeros números naturales para determinados valores de n: $1 + 2 + 3 + 4 + \ldots$

2. Todo número perfecto, salvo el 6, es la suma parcial de los primeros cubos consecutivos de los números impares: $1^3 + 3^3 + 5^3 + \ldots$

3. La suma de los inversos de los divisores de todo número perfecto, incluido él mismo, siempre vale 2. Por ejemplo, para 28:

$$\frac{1}{1} + \frac{1}{2} + \frac{1}{4} + \frac{1}{7} + \frac{1}{14} + \frac{1}{28} = 2$$

4. El recíproco también es cierto. Si los inversos de los divisores de un número suman 2, se trata de un número perfecto.

---

[9] Las propiedades 1, 2, 5, 6 y 7 son válidas exclusivamente para números perfectos pares. A día de hoy se desconoce si existen números perfectos impares.

5. Si escribimos los números perfectos en sistema binario, obtenemos lo siguiente:

Decimal	Binario
6	110
28	11100
496	111110000
8128	1111111000000
33550336	1111111111111000000000000

Es decir, *n* unos seguidos de *n*–*1* ceros. Gardner nos plantea el reto de demostrar por qué pasa esto. No es tan complicado conociendo el teorema de Euclides-Euler.

6. Si la base del sistema de numeración es 3, todos los números perfectos, salvo el 6, terminan en 1.

7. Si la base es 6, todos, de nuevo salvo el 6, terminan en 4.

Amigos y sociables

En la obra citada, afirma Gardner lo siguiente:

> *Los números amigos son una consecuencia de generalizar de forma evidente la noción de número perfecto. Supongamos que se parte de un número cualquiera, que sumamos sus divisores, obteniendo así un segundo número y proseguimos así indefinidamente, con la esperanza de tornar al número inicial. Si el primer paso nos devuelve al número de partida, este es perfecto. Cuando el proceso tiene dos etapas se dice que los números son amigos. Cada uno de ellos es la suma de los divisores del otro.*

Los pitagóricos ya habían observado esta rara relación entre los números 220 y 284. Los divisores de 220 son 1, 2, 4, 5, 10, 11, 20, 22, 44, 55 y 110. Los de 284 son 1, 2, 4, 71 y 142.

Si sumamos todos los divisores de 220, 1 + 2 + 4 + 5 + 10 + 11 + 20 + 22 + 44 + 55 + 110 = 284.

Si sumamos los de 284, 1 + 2 + 4 + 71 + 142 = 220.

La suma de los divisores de un número nos da el otro.

Durante muchos siglos, estos dos números fueron los únicos amigos... Pero llegó Fermat. Con suma paciencia y una admirable visión numérica, tras más de dos mil años, Fermat va a descubrir la segunda pareja de números amigos. Unos amigos mucho más complicados que 220 y 284. Se trata de estos dos números: 17 296 y 18 416.

Redescubre además una regla general conocida por Thabit ibn Qurra (826-901) y posteriormente perdida:

Si $q = 3 \cdot 2^{p-1} - 1$; $r = 3 \cdot 2^{p} - 1$; $s = 9 \cdot 2^{2p-1} - 1$ *son números primos, entonces* $n = 2^{p} \cdot q \cdot r$ *y* $m = 2^{p} \cdot s$ *son números amigos.*

Efectivamente, 220 y 284 corresponden a los valores de $p = 2$, $q = 5$ y $r = 11$; y $s = 71$.

Fermat, conocido por su talante beligerante a la hora de plantear retos numéricos a sus colegas, lanza la propuesta de encontrar nuevos números amigos, entre otros a René Descartes. La respuesta de este no se hizo esperar y seguro que dejó pasmado a Fermat: 9 363 584 y 9 437 056. Sin duda, Descartes había deducido la regla de Ibn Qurra.

Pierre de Fermat (1607-1665).

Euler quedó desde joven cautivado por los retos numéricos de Fermat y de hecho intentó dar la respuesta a todos ellos. Y, salvo el último teorema, lo consiguió de forma brillante. En un artículo para la revista de la Academia de San Petersburgo titulado *De Numeris Amicabilis,* Euler nos ofrece la pareja 122 265 y 139 815, junto a otras cincuenta y nueve. A principios de este siglo se descubrió que una era incorrecta.

Lo más curioso es que, en 1867, un estudiante italiano de 16 años, Niccolò Paganini, sorprendió al mundo matemático descubriendo la segunda pareja de números amigos por tamaño y que había pasado desapercibida a los ojos de Fermat, Descartes, Euler, Legendre y tantos otros. Se trata de los números 1184 y 1210. No es tan sorprendente, pues esta pareja no cumple la ley de Ibn Qurra. Una amistosa manera de pasar a la historia de la Aritmética.

Aquí tenemos las diez primeras parejas:

220	1184	2620	5020	6232	10 744	12 285	17 296	63 020	66 928
284	1210	2924	5564	6368	10 856	14 595	18 416	76 084	66 992

Gardner nos proporciona un listado de propiedades de las parejas conocidas de números amigos:

1. Los dos términos de todos los pares de números amigos descubiertos hasta ahora tienen igual paridad: ambos son pares o (más raramente) los dos son impares.

2. Todos los pares de amigos impares descubiertos son múltiplos de 3. Se ha conjeturado que así sucede con todos los impares.

3. No se ha demostrado todavía que sean imposibles los amigos de distinta paridad.

4. No se conoce ninguna fórmula para generar todos los pares de números amigos y se desconoce además si su número es finito.

Los números sociables son los que se obtienen cuando en el proceso anterior se necesitan más de dos etapas. El primer grupo de números sociables lo descubrió el belga Paul Poulet en 1918 (*Parfaits, amigables et extensiones*); es un grupo de cinco números: 12 496 → 14 288 → 15 472 → 14 536 → 14 264.

Clifford Pickover, en su libro *El prodigio de los números*, nos ilustra la segunda "sociedad de números" de Poulet, formada por 28 eslabones que comienzan con 14 316.

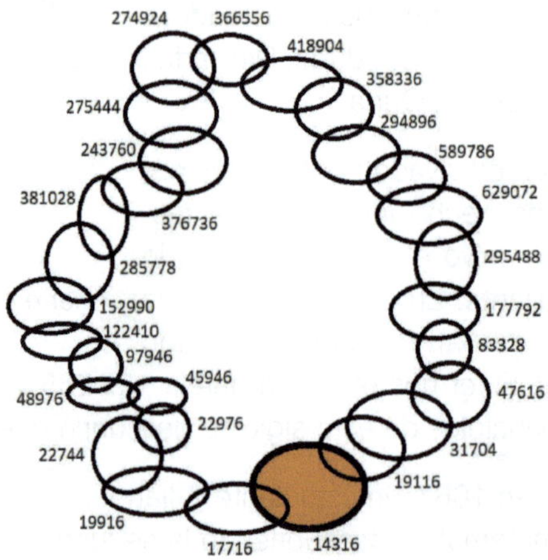

Figura 4.1. *La segunda "sociedad de números" de Poulet.*

Un año después de Mayo del 68, Henri Cohen (1947-) descubrió en París siete "sociedades" de orden cuatro. No se conocen por ahora "sociedades" de tres eslabones, que se llaman "multitud" (ya se sabe: dos son compañía, tres son multitud). Pero como afirma Martin Gardner en el final del capítulo dedicado a estos números:

> *Por inútiles que sean tales "multitudes", es verosímil que la búsqueda prosiga hasta que se dé con alguna, o hasta que algún perspicaz especialista en teoría de números demuestre su imposibilidad.*

Tiempo al tiempo.

Soluciones

Final de la demostración de Euler sobre la forma de los números perfectos pares (pág. 6).

Basta con escribir lo siguiente:

$$S(A) = \frac{2^{n+1}}{2^{n+1} - 1} A = A + \frac{A}{2^{n+1} - 1}$$

Ahora, como el segundo sumando de la expresión anterior ha de ser entero, se tiene que cumplir que $(2^{n+1} - 1)$ divide a A. Teniendo en cuenta que también $A/(2^{n+1} - 1)$ divide a A, vemos que A solo tiene dos divisores. Esto únicamente puede suceder si A es primo, en cuyo caso $A/(2^{n+1} - 1)=1$, y entonces $A = (2^{n+1} - 1)$.

Lecturas recomendadas, y más...

[1] CATALDI, P. A.: *Trattato de Numeri Perfetti.* Bolonia, Heredi di Giovanni Rossi, 1603.

[2] CRUBELLIER, M. y SIP, J.: *Histoires de problèmes. Histoire des mathématiques.* París, Ellipses, 1993.

[3] DUNHAM, W.: *Euler, el maestro de todos los matemáticos.* Nivola, 2000.

[4] EUCLIDES: *Elementos. Libros V-IX.* Gredos, 1994.

[5] EULER, L.: "De Numeris Amicabilibus" . *Opuscula varii argumenti,* 2, 23-107, 1750. Disponible en http://www.math.dartmouth.edu/~euler/pages/E152.html.

[6] EULER, L.: "Tractatus de Numerorum Doctrina Capita Sedecim, quae Supersunt". *Comment. arithmet.*, 2, 503-575, 1849. Disponible en http://math.dartmouth.edu/~euler/pages/E792.html.

[7] GARDNER, M.: *Festival mágico-matemático.* Alianza Editorial, 1984.

[8] KLINE, M.: *El pensamiento matemático de la Antigüedad a nuestros días.* Alianza Editorial, 1984.

[9] PÉREZ SANZ, A.: "El embrujo de los números perfectos". *Revista SUMA* n.º 56, nov. 2007.

[10] PICKOVER, C.: *El prodigio de los números.* Robinbook, 2002.

[11] WAGON, S.: "Perfect numbers". *The Mathematical Intelligencer,* n.º 7 (2), págs. 66-68, 1985.

Capítulo cinco

Jugando con las fracciones del dominó

Josep Lluís Pol i Llompart

El motor de la ciencia son las preguntas.

Jorge Wagensberg

A mis alumnos de 1.º ESO D del IES Marratxí, del curso 2015-2016.

El *Oulipo* es un grupo de literatura experimental compuesto por escritores y matemáticos franceses a mediados del siglo XX que busca la creación a partir de la restricción. Es especialmente famosa la obra de Georges Perec *La disparition* por el hecho de ser la única novela en francés sin ninguna letra e (¡de ahí el título!). De todos es sabido que las limitaciones bien enfocadas pueden ser un motor de la creatividad, de la exploración exhaustiva. En cierta manera, este es el sentido profundo de esta pequeña contribución.

El artículo que sigue a continuación nace del trabajo que hicieron unos jóvenes preguntones para presentarse a un concurso de vídeos matemáticos que finalmente ganaron. Puedes encontrarlo buscando en YouTube "dòmino IES Marratxí" [3].

Aviso importante: Para respetar el espíritu de Martin Gardner, a quien homenajea este libro, el artículo se ha estructurado alrededor de preguntas más o menos enlazadas que he destacado. El juego que te propongo es intentar responder a ellas sin leer las respuestas. Yo lo he procurado hacer con claridad suficiente para quien solo recuerde la base elemental del cálculo con fracciones. Pero ten en cuenta que lo que sigue a cada pregunta es un verdadero *spoiler* que te puede privar del placer de tu propio descubrimiento. La "versión experto" del juego sería que leyeras solo hasta la primera pregunta y, a partir de ahí, con más o menos detalle, intentaras ver hasta dónde te lleva "tu artículo". Lo que sigue a continuación no es, sin duda, ningún fin de trayecto.

¿Cuántas operaciones podemos hacer con las fracciones de un juego de dominó?

Recuerdo que la primera vez que pensé en responder a esta pregunta ya atisbé su dificultad, aunque no imaginé ni por asomo que el número iba a ser tan grande. Dificultad que provenía, lógicamente, de lo concreto de sus elementos y de la necesidad de encontrar un orden en la "búsqueda del tesoro".

Se impone desde un principio tomar decisiones. Debemos empezar, lógicamente, por definir los términos del problema. Si vamos a mirar las fichas del vetusto dominó como fracciones, será útil saber de cuántas fracciones diferentes estamos hablando.

¿Cuántas fracciones diferentes muestra un juego completo de dominó?

Un juego de dominó contiene todas las combinaciones posibles de pares no ordenados de números del 0 al 6 una sola vez. Esto arroja, como es sabido, un total de veintiocho fichas.

De entrada, todas las fichas que tengan un cero van a representar la misma fracción, el cero:

0/1 = 0/2 = 0/3 = 0/4 = 0/5 = 0/6 = 0. Ninguna de ellas se va a poder invertir y, además, la ficha 0/0 no representa ninguna fracción válida. Tenemos que recordar entonces que existe una fracción con seis representantes. Este detalle es importante, como veremos un poco más adelante.

Consideremos ahora la fracción unidad. Volvemos a tener seis representantes para ella, seis *dobles*: 1/1 = 2/2 = 3/3 = 4/4 = 5/5 = 6/6 = 1. En este caso sí que podemos invertir cada ficha, pero la fracción seguirá siendo la misma. De momento hemos examinado trece fichas y tenemos solo dos fracciones diferentes. (Parece que esto pinta bien).

Al haber dejado de lado las fichas con ceros y los dobles, las quince fichas que quedan podrán mirarse del derecho y del revés. Todas ellas serán fracciones propias y sus inversas fracciones impropias. Podría parecer entonces que estamos hablando de treinta fracciones más, pero habrá que descontar también las fracciones equivalentes. Es relativamente sencillo encontrar que:

$$\frac{1}{2}=\frac{2}{4}=\frac{3}{6} \qquad \frac{1}{3}=\frac{2}{6} \qquad \frac{2}{3}=\frac{4}{6}$$

Figura 5.1. *Fracciones equivalentes.*

Tal y como están escritas, estas siete fichas representan solo tres fracciones, que al contemplar su inversión, serán seis.

Ahora ya únicamente nos queda contar las ocho fichas restantes y sus inversas, que nos arrojan un último grupo de dieciséis fracciones. Total: veinticuatro fracciones diferentes, ocho de las cuales tienen más de una ficha que las representa. Definamos ahora lo siguiente:

¿Qué entendemos por operación?

1. Vamos a concentrar nuestra búsqueda en las cuatro operaciones básicas: la suma, la resta, la multiplicación y la división.
2. Además, solo tendremos en cuenta tres fichas en cada operación: la combinación de dos elementos para obtener un resultado.
3. Si en una operación aparece repetida una fracción, se dará por válida únicamente en el caso que tengamos las fichas equivalentes necesarias para la repetición. (Por ejemplo, 1/2 + 1/2 = 1 sería válida porque poseemos hasta tres fichas equivalentes a 1/2. Pero 1/4 + 1/4 = 1/2 no sería válida, porque aunque disponemos de la ficha 1/4, no tenemos ninguna otra equivalente.)
4. No se considerará una operación diferente el hecho de cambiar fichas por otras equivalentes. Por ejemplo, 0 + 0 = 0, se puede "escribir" con un buen número de combinaciones de fichas distintas, pero todas se considerarán la misma operación.
5. No contemplamos fracciones negativas, aunque en clase un alumno sugirió que sería posible, por ejemplo, tomando un juego de fichas rojas.

¿Cómo podemos simplificar nuestra búsqueda?

Para contestar a esta pregunta, nos vendrá bien recordar aquello que conocemos como las "pruebas" de las operaciones. En efecto, cada suma implica dos restas (a menos que los dos sumandos sean iguales). Y cada multiplicación dos divisiones (a menos que los dos factores sean iguales). No pueden existir restas o divisiones diferentes de las que se generen con las sumas o las multiplicaciones que tengamos siempre que las hayamos encontrado todas.

Ya sabemos ahora que, en nuestro afán por agotar todas las posibles operaciones que se pueden hacer con las fichas de un dominó, es necesario identificar solo –¡uf!– las sumas y las multiplicaciones.

¿Qué estrategia podríamos seguir para llegar a todas las sumas posibles de manera ordenada y directa?

Se me ocurre aquello de la ranita pegando saltos sobre la recta real. Si sumamos una misma cantidad, los términos que buscamos tendrán una diferencia constante y esto es muy fácil de detectar gráficamente. Para representar las 26 fracciones posibles del dominó puede ser útil revisar la técnica del común denominador.

¿Cuál es el denominador que acoge a todas las fracciones del dominó?

Veamos: estamos buscando el mínimo común múltiplo de 1, 2, 3, 4, 5 y 6. Sesenta. Así, la fracción más pequeña, un sexto, la escribiremos como 10/60, y la más grande, 6/1, como 360/60. ¡Vaya! ¡Fíjate! Si no tenemos en cuenta los ceros, la fracción más grande y la más pequeña salen de la misma ficha.

Ahora, dado que consideraremos todas las fracciones de denominador sesenta, podemos "normalizar" el juego y pensar solo el numerador. Se me ocurre, entonces...

¿Habrá tantos numeradores como fracciones no equivalentes teníamos?

Efectivamente, porque si nos salieran dos numeradores iguales, querría decir que las fracciones que los generaban eran equivalentes (al tener también el denominador igual). Y ya habíamos contemplado este hecho y trabajamos únicamente con fracciones no equivalentes. Dicho esto, los números son los siguientes:

D = {0, 10, 12, 15, 20, 24, 30, 36, 40, 45, 48, 50, 60, 72, 75, 80, 90, 100, 120, 150, 180, 240, 300, 360} (Así, 10 viene de 10/60 = 1/6, o 40 viene de 40/60 = 2/3 = 4/6).

Total: 24. Encaja. ¿Qué pasaría ahora si colocáramos todas las fracciones posibles ordenadas en una recta? Pues algo parecido a esto:

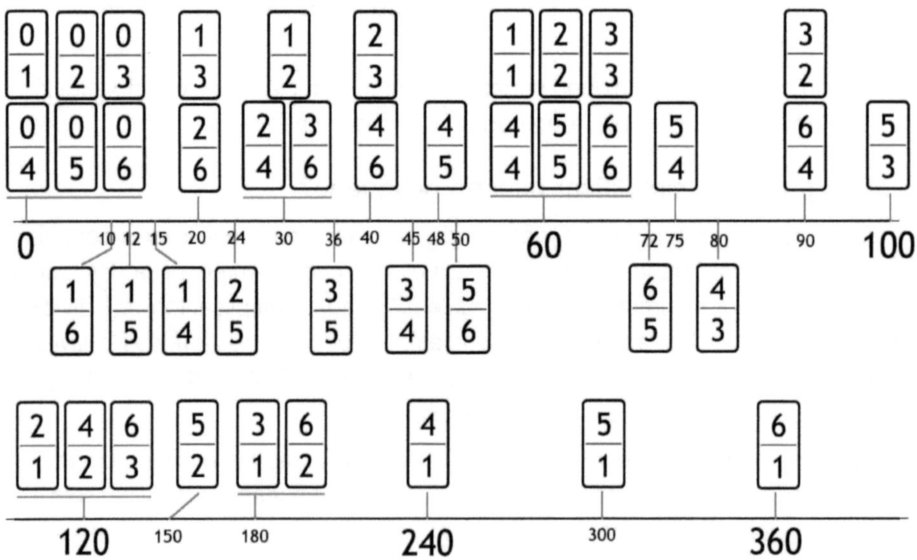

Figura 5.2. *Todas las fracciones posibles ordenadas. En la recta se muestran los numeradores que dan lugar a ellas si tomamos 60 como denominador.*

¿Sabrías decir cómo se colocan las fracciones y sus fracciones invertidas?

Tal y como ya hemos comentado con 10 (1/6) y 360 (6/1), que son los puntos extremos si no tenemos en cuenta el cero, una vez ordenadas, la segunda fracción más pequeña tendrá su pareja en la segunda fracción más grande. Es decir, que a la derecha de 10 encontraremos 12 (1/5) y, a la izquierda de 360 (6/1), tendremos 300 (5/1). De esta manera, el centro estará... en el 60.

También es muy importante recordar que las fracciones propias y sus invertidas impropias, en la mayoría de los casos, vienen representadas por una sola ficha, de manera que sería imposible combinar, por ejemplo, el 50 y el 72 en una sola operación porque ambas solo pueden ser representadas por la ficha 5/6.

Pero nuestro propósito general era contar cuántas operaciones distintas podíamos hacer, y en esto estábamos, intentando resolver el subconjunto de las sumas.

¿Cuántas sumas diferentes podemos construir?

Pues bien, aunque la representación sobre la recta es apropiada, para captar más fácilmente la repetición de distancias entre números de manera global puede ser más útil representar estos números en alguna tabla del estilo de la que sigue:

1	2	3	4	5	6	7	8	9	10
11	12	13	14	15	16	17	18	19	20
21	22	23	24	25	26	27	28	29	30
31	32	33	34	35	36	37	38	39	40
41	42	43	44	45	46	47	48	49	50
51	52	53	54	55	56	57	58	59	60
61	62	63	64	65	66	67	68	69	70
71	72	73	74	75	76	77	78	79	80
81	82	83	84	85	86	87	88	89	90
91	92	93	94	95	96	97	98	99	100
101	102	103	104	105	106	107	108	109	110
111	112	113	114	115	116	117	118	119	120
121	122	123	124	125	126	127	128	129	130
131	132	133	134	135	136	137	138	139	140
141	142	143	144	145	146	147	148	149	150
151	152	153	154	155	156	157	158	159	160
161	162	163	164	165	166	167	168	169	170
171	172	173	174	175	176	177	178	179	180
181	182	183	184	185	186	187	188	189	190
191	192	193	194	195	196	197	198	199	200
201	202	203	204	205	206	207	208	209	210
211	212	213	214	215	216	217	218	219	220
221	222	223	224	225	226	227	228	229	230
231	232	233	234	235	236	237	238	239	240
241	242	243	244	245	246	247	248	249	250
251	252	253	254	255	256	257	258	259	260
261	262	263	264	265	266	267	268	269	270
271	272	273	274	275	276	277	278	279	280
281	282	283	284	285	286	287	288	289	290
291	292	293	294	295	296	297	298	299	300
301	302	303	304	305	306	307	308	309	310
311	312	313	314	315	316	317	318	319	320
321	322	323	324	325	326	327	328	329	330
331	332	333	334	335	336	337	338	339	340
341	342	343	344	345	346	347	348	349	350
351	352	353	354	355	356	357	358	359	360

En color amarillo están marcadas las fracciones que disponemos en más de una ficha. En este tipo de representación quedan a la vista aquellas distancias (saltos) iguales. Iremos examinando cada número de uno en uno y buscaremos saltos (diferencias) entre fichas que lo reproduzcan. Para evitar la duplicación en el cómputo, solo buscaremos números mayores o iguales que cada uno.

Empecemos:

Sumando 10 (es decir, 1/6): buscamos parejas de números adyacentes en vertical. No podemos partir del 10 pues es ficha única. Sirven el 20, 30, 40, 50, 80 y 90. Por tanto, hay **6** posibilidades.

Sumando 12: sobre la tabla, es como un salto del caballo en el ajedrez. Es la serie del 12 y tampoco sirve el 12 porque vuelve a ser ficha única. Valen el 24, 36, 48 y 60. En total, hay **4** posibilidades.

Sumando 15: no sirve el 15. Tenemos el 30, 45, 60 y 75. Existen **4** posibilidades más.

Sumando 20: es el primero que puede sumarse a sí mismo: 20, 30, 40, 60, 80 y 100. En total, **6** posibilidades.

Sumando 24: sirven el 36 y el 48. Por tanto, hay **2** posibilidades más.

Sumando 30: sirven el 30, 45, 50, 60, 90, 120 y 150. Hay **7** posibilidades en total.

Sumando 36: ninguna otra ficha puede sumarse a 36.

Sumando 40: 40, 50, 60 y 80. En total, **4** más.

Sumando 45: solo el 75. Hay **1** posibilidad más.

Sumando 48: solo el 72. Existe **1** posibilidad.

Sumando 50: solo el 100. Hay **1** posibilidad más.

Sumando 60: sirven el 60, 90, 120, 180, 240 y 300. Tenemos **6** posibilidades.

Sumando 72: ya ninguna ficha acaba en 2 (ni en 7), imposible.

Sumando 75: solo él serviría si tuviera una equivalente, pero no la tiene.

Sumando 80: solo el 100. Por tanto, hay **1** posibilidad más.

Sumando 90: 90 y 150. Existen **2** posibilidades más.

Sumando 100: ninguna.

Sumando 120: el 120, 180 y 240. Hay **3** posibilidades más.

Sumando 150: ninguna.

Sumando 180: solo con él mismo. Tenemos **1** posibilidad más.

Y ya no es necesario probar más. Son, en total, 49 sumas diferentes. En 7 de ellas se suma una fracción consigo misma (lógicamente con dos fichas equivalentes). Este hecho es importante a la hora de contar restas distintas, pues solo la suma de dos números diferentes produce, necesariamente, dos restas diferentes. Tenemos entonces $42 \cdot 2 + 7 = 91$ restas diferentes.

Recordemos ahora que no hemos computado las sumas con ceros. Como dijimos anteriormente, solo las fracciones con fichas equivalentes podrán sumarse a cero. En total, 8 sumas más. Pero en una de ellas ($0 + 0 = 0$) sumamos una fracción consigo misma. El total de restas asociadas entonces será $7 \cdot 2 + 1 = 15$.

Recapitulemos:

	Sumas sin ceros	Restas sin ceros	Sumas con ceros	Restas con ceros	
Sin repetición	42	84	7	14	
Con repetición	7	7	1	1	
Totales	49	91	8	15	163

Son 163 sumas o restas, nada más que con las 23 fracciones realmente diferentes de un dominó. No está nada mal, ¿eh? ¿Te atreves ahora con las multiplicaciones?

¿Cuántas multiplicaciones diferentes podemos construir?

En este caso, seguiremos el mismo esquema de búsqueda que utilizamos en las sumas. Es decir, elegiremos ordenadamente cada fracción como factor, y miraremos qué combinación con otra fracción igual o mayor (recuerda que esto era para no duplicar operaciones) produce un resultado posible.

Como visualmente no es tan sencillo, lo que haremos será emplear la fracción natural irreducible a la hora de operar. Empecemos con los primeros casos para ver esto.

Comencemos con la fracción más pequeña: 1/6. Multiplicamos esta fracción por cada una de las fracciones iguales o mayores de la lista de fracciones posibles. El resultado debe estar en la lista y, además, debemos comprobar dos cosas. La primera, que solo podrá multiplicarse esta fracción consigo misma si tiene dos fichas representantes. Y la segunda, que cuando el resultado de la multiplicación sea la unidad, querrá decir que las dos fracciones eran la misma ficha (una y su inversa) y, por tanto, únicamente será posible nuevamente si la fracción propia contaba ya con más de una ficha representante.

Entonces, para 1/6 tendremos 6/5 (resultado: 1/5), 3/2 (resultado: 1/4), 2/1 (resultado: 1/3), 3/1 (resultado: 1/2), 4/1 (resultado: 2/3) y 5/1 (resultado: 5/6). Total, **6** resultados. (Fíjate en que tanto 1/1 como 6/1 podrían multiplicarse por 1/6, pero en el primer caso el resultado volvería a ser 1/6, del que no tenemos equivalente; y, en el segundo, estaríamos multiplicando 1/6 por su inverso, cuando tampoco tenemos más que una ficha representante).

No aburriremos al lector con más recuentos detallados. En este caso, nos hemos ayudado de una hoja de cálculo para completar y comprobar la búsqueda. Lógicamente, la función condicional es indispensable para hacer una buena criba de las opciones prohibidas. Así, comenzando con 1/6 salen 6 posibles operaciones, con 1/5 salen 8, con 1/4 salen 7, con 1/3 salen 12, con 2/5 salen 8, con 1/2 salen 14, con 3/5 salen 7, con 2/3 salen 9, con 3/4 salen 4, con 4/5 salen 5, con 5/6 salen 4, con 1/1 salen 4, con 6/5 salen 4, con 5/4 salen 3, con 4/3 salen 2, con 3/2 salen 3, con 5/3 sale 1 y con 2/1, hay 3 posibilidades. En total, 104.

Esto arroja el voluminoso número de 104 multiplicaciones diferentes si tenemos en cuenta, tal y como quedamos, que la propiedad conmutativa no duplica el cómputo.

Ahora bien, de estas multiplicaciones, en tres ocasiones se realiza el cuadrado de una fracción y, por tanto, esto implica que la operación solo dará lugar a una única división. Es el caso de las ternas (1/2 · 2/4 = 1/4), sus inversas (2/1 · 4/2 = 4/1) y la unidad (1/1 · 2/2 = 3/3).

Nos quedan, finalmente, los productos con el cero. Tendremos tantas multiplicaciones como fracciones distintas tenemos (ya que de la fracción nula tenemos representantes de sobra). En total, 24 multiplicaciones por cero. Todas ellas darán lugar solo a una división, excepto cuando multipliquemos cero por cero, ya que no podremos dividir. En resumen:

	Productos sin ceros	**Divisiones sin ceros**	**Productos con ceros**	**Divisiones con ceros**	
Sin repetición	101	202	23	23	
Con repetición	3	3	1	0	
Totales	104	205	24	23	356

Nuestra búsqueda, tal y como la planteamos, ha llegado a su fin y concluimos que, si buscamos operaciones básicas para hacer con las fracciones que representan las fichas de un solo dominó, podemos elegir entre 519 posibilidades.

¿Alguna pregunta más?

Como hemos dicho al principio, este pequeño juego de fracciones no está agotado y se me ocurren algunas cuestiones más que, ahora sí, dejo enteramente a la consideración de los lectores:

¿Qué pasa con la multiplicación si decidimos invertir las tres fracciones?

¿Qué pasa con la multiplicación si invertimos solo el segundo factor/fracción?

¿Podrían ayudarnos las dos propiedades anteriores a simplificar el recuento?

Este artículo se terminó de escribir el 14 de noviembre del año 2016, día del tercer centenario de la muerte de Gottfried Wilhelm Leibniz. Es bonito recordar aquí a quien dijo: *"Incluso en los juegos de los niños hay cuestiones de interés para el más grande de los matemáticos"*.

Lecturas recomendadas, y más...

[1] Gardner, M.: *Circo matemático*. Alianza Editorial, 1995.

[2] Guedj, D.: *El imperio de las cifras y los números*. Ediciones B, 1998.

[3] IES Marratxí: *Videomart 2016: Quines operacions podem fer amb les fraccions d'un dòmino?*, 2016. Disponible en https://www.youtube.com/watch?v=AlaYL-WYBml.

[4] Ollerton, M.: *100 Ideas for teaching mathematics*. Continuum, 2005.

[5] Szpiro, G.: *La vida secreta de los números*. Almuzara, 2009.

Capítulo seis

El examen inesperado y la teoría de juegos

Juan M. R. Parrondo

De ahorcamientos, exámenes y sorpresas

Entre los muchos temas de Matemáticas y Lógica que Martin Gardner trató a lo largo de su carrera, uno de los más conocidos es la llamada "paradoja del ahorcamiento inesperado". Le dedicó uno de sus artículos en *Scientific American* en marzo de 1963 y más tarde dio título a un libro recopilatorio que Gardner publicó en 1969 [3].

El ahorcamiento inesperado (*The Unexpected Hanging*) es desde luego un buen título para un libro, pero el hecho de que Gardner lo eligiera entre todos los temas de la recopilación también sugiere que *el ahorcamiento* era un problema que le interesaba de forma especial. Se trata de una paradoja de formulación muy simple pero cuya solución es polémica, incluso hoy día, y está relacionada con las limitaciones para formalizar conceptos como "sorpresa" o "ignorancia".

La paradoja se puede formular con un ahorcamiento o con cualquier otro acontecimiento que no sea muy deseable. Una versión bastante popular sustituye el ahorcamiento por un examen con el que una profesora pretende sorprender a sus alumnos. Nosotros aquí, como ya se apunta en el título, utilizaremos esta versión menos extrema de la paradoja, puesto que lo que vamos a hacer es presentar una ligera variación de la misma en la que acertar cuándo se va a celebrar el examen reporta un cierto premio y equivocarse un cierto castigo, no necesariamente mortal. La ventaja de esta variación es que puede formularse, y resolverse, en el lenguaje de la teoría de juegos clásica de Von Neumann y Morgenstern [1].

De hecho, en el artículo de 1963 Gardner propone una variante muy parecida, un juego de adivinación de cartas en donde los jugadores apuestan una cierta cantidad de dinero, pero la analiza desde un punto de vista lógico y no desde la perspectiva de la teoría de juegos. No podemos decir que nuestro análisis resuelva por completo la paradoja, pero sí ofrece un punto de vista nuevo y sirve además para mostrar una aplicación inusual de la teoría de juegos. En cualquier caso, será al final del artículo cuando el lector pueda juzgar si esta versión del examen inesperado arroja algo de luz sobre la cuestión.

La versión original de la paradoja es la siguiente. Una profesora anuncia a sus alumnos que pondrá un examen a las doce en punto de un día de la semana siguiente y que dicho examen será completamente inesperado, es decir, los alumnos no sabrán el día en que va a realizarse hasta que la profesora lo anuncie a las doce del día elegido. Los estudiantes se van al bar de la Facultad y, tras media hora de discusión, brindan convencidos de que es imposible que la profesora logre su propósito. Se han dado cuenta de que el viernes no puede ser el día elegido porque, en ese caso, el jueves por la noche sabrían con certeza que el examen iba a ser el viernes y, por tanto, no sería inesperado.

Una vez eliminado el viernes como día del examen, el argumento se puede aplicar al jueves: como es completamente imposible que el examen tenga lugar el viernes, si en los tres primeros días de la semana aún no ha habido examen, entonces el miércoles por la noche los alumnos sabrán con certeza que va a realizarse el jueves, y dejaría de nuevo de ser inesperado. El argumento se puede repetir hasta el domingo por la noche, día en el que los alumnos estarían seguros de que el examen debe ocurrir en la mañana del lunes.

La conclusión final es que las condiciones que la profesora ha impuesto al examen son contradictorias: no puede tener lugar durante la semana y ser inesperado. Los alumnos se van felices a casa y no estudian durante el fin de semana. Sin embargo, el martes de la semana siguiente la profesora, a las doce en punto, anuncia con solemnidad el comienzo del examen. Los alumnos, por supuesto, no sospechaban nada y, por tanto, las premisas anunciadas por la profesora se han cumplido. ¿Dónde está entonces el error en el razonamiento de los alumnos?

Como decíamos al principio, la paradoja ha suscitado un gran número de artículos y una fuerte polémica con opiniones para todos los gustos: hay quien piensa que no existe paradoja en absoluto, están quienes defienden que la conclusión de los alumnos contradice las propias hipótesis de su argumento e incluso los que relacionan la paradoja con el teorema de indecidibilidad de Kurt Gödel [2] y el gato de Schrödinger [4]. Esta falta de acuerdo tiene su origen en la dificultad para formalizar el concepto de *sorpresa*, que es fundamental en la formulación de la paradoja [2, 5].

El artículo original de Gardner en *Scientific American* es muy recomendable y también lo son los comentarios que surgieron a partir del mismo y que están recogidos en el libro *The Unexpected Hanging*. En uno de ellos, un profesor de Matemáticas de Estocolmo cuenta que la paradoja se dio en una situación real: el Gobierno sueco programó un simulacro de defensa civil para una semana en el año 1943 con la premisa de que, para que el ensayo fuera efectivo, nadie debería saber el día en que iba a tener lugar. No se conoce muy bien cuál es la primera formulación de la paradoja pero, como afirma el propio Gardner, es probable que su origen sea el simulacro sueco.

La paradoja como un juego de suma nula

Nuestra propuesta es modificar ligeramente la historia y convertir el reto entre la profesora y los alumnos en lo que se conoce como un *juego de suma nula*. Según la teoría clásica de juegos que desarrollaron Von Neumann y Morgenstern en 1947, en un juego de suma nula cada jugador puede elegir entre varias acciones o estrategias y existe una matriz de pagos que determina cuánto paga un jugador a otro según las estrategias elegidas [1].

Se denomina "de suma nula" porque lo que recibe el primer jugador en cada turno lo pierde el segundo, y viceversa. Un ejemplo sencillo de juego de suma nula con dos jugadores es apostar un euro a piedra-papel-tijera. Cada jugador tiene tres posibles acciones: sacar piedra, papel o tijera, y la matriz de pagos es la habitual: si A saca piedra y B tijera, B paga un euro a A; si A saca papel y B tijera, A paga un euro a B; etc.

Para convertir la paradoja del examen inesperado en un juego de este tipo, supongamos que el alumno puede cada mañana decir si habrá o no habrá examen ese día; estas son sus dos posibles acciones o estrategias cada día. La profesora, por su parte, decide también cada mañana si pone el examen ese día o no, de modo que también tiene dos estrategias posibles cada día.

Nuestra intención es reproducir en el juego la condición que la profesora impone en la paradoja original: que el examen sea completamente inesperado. Podemos acercarnos a dicha condición si premiamos al alumno cuando acierta la fecha del examen y si, a su vez, consideramos ese premio como un "castigo" para la profesora, puesto que la promesa que ella hizo es que el examen iba a ser realmente inesperado.

En otras palabras, lo que la profesora persigue es que el alumno no sea capaz de acertar la fecha. Nuestro juego puede considerarse así de suma nula: el alumno tratará de maximizar su puntuación en el juego, es decir, hará lo posible por acertar la fecha; por el contrario, la profesora tratará de minimizar la puntuación del alumno en el juego (no la del examen, sino la del juego de adivinación; como todo buen docente, ¡lo que nuestra profesora desea es que todos sus alumnos saquen una buena nota!).

Para concretar más nuestro análisis, supondremos que el alumno recibe 8 puntos si acierta la fecha del examen. Si falla (tanto por predecir el examen en un día en que no ocurre, como por lo contrario), sufre una penalización de 1 punto. Cuando el alumno dice que no hay examen un día en el que, en efecto, no lo hay, no gana ni pierde nada. Como ya hemos mencionado, el objetivo del alumno es obtener la máxima puntuación mientras que el de la profesora es que la puntuación sea mínima, puesto que el juego es de suma nula (lo que gana el alumno lo pierde la profesora, y viceversa). En la teoría de juegos, estos pagos se presentan en forma de matriz, que en nuestro caso es la siguiente:

		Acciones de la profesora	
		Examen	No examen
Predicción del alumno	Examen	8	−1
	No examen	−1	0

La paradoja permanece en este nuevo problema pero de forma bastante dulcificada. Si la profesora pone el examen el viernes, el alumno lo sabrá con seguridad el jueves por la noche y, por tanto, ganará con seguridad los 8 puntos del viernes. Sin embargo, los cuatro primeros días puede equivocarse varias veces y perder puntos, algo que no ocurre en la paradoja original. La inducción hacia atrás que se daba en la paradoja ahora se rompe porque el viernes no está descartado al cien por cien.

Quizá no sea una buena estrategia para la profesora poner el examen el viernes, pero nada le impide hacerlo. Por tanto, el alumno no puede concluir el miércoles por la noche que el examen será el jueves. Algo de la paradoja permanece en esta nueva versión. La ventaja es que ahora sí podemos resolver el problema completamente, gracias a un concepto fundamental en la teoría de juegos: la *estrategia mixta de equilibrio* de Von Neumann y Morgenstern [1], más tarde generalizada por John Forbes Nash.

Veamos estos argumentos de forma cuantitativa. Supongamos que solo disponemos de dos días para poner el examen: el jueves o el viernes. Las posibles acciones de la profesora son poner el examen el jueves o ponerlo el viernes; mientras que el alumno puede decir que hay examen el jueves o decir que no lo hay, siendo obvia su acción del viernes. La siguiente tabla muestra la puntuación del alumno para cada combinación de acciones:

		Acciones de la profesora (día del examen)	
		Jueves	Viernes
Predicción del alumno	Examen el jueves	8	7
	No examen el jueves	−1	8

Para entender cada entrada de la tabla hay que considerar la puntuación del jueves y la del viernes. Si, por ejemplo, el alumno predice el examen el jueves y la profesora lo pone el viernes, el estudiante tendrá una penalización de 1 punto el jueves pero ganará 8 puntos el viernes, obteniendo un total de 7 puntos. Si el alumno dice que el examen es el jueves y la profesora lo pone el jueves, entonces gana los 8 puntos y el viernes no gana ni pierde nada. Si el alumno dice que no hay examen el jueves y la profesora sí lo pone el jueves, entonces recibe una penalización, −1, y el viernes no gana ni pierde nada.

Por último, si el alumno dice que no hay examen el jueves y, en efecto, no lo hay, entonces el jueves no gana ni pierde, pero el viernes sabe con toda seguridad que hay examen, acierta y gana los 8 puntos.

A la vista de la tabla, parece que la acción óptima para la profesora es poner el examen el jueves, porque la columna correspondiente es la que tiene los valores más pequeños, y para el alumno decir que el examen será el jueves, puesto que la fila correspondiente es la que tiene los valores más altos. Que estas estrategias sean las de mayor puntuación es precisamente reminiscencia de la deducción que el alumno hace en la versión original de la paradoja. Pero ahora la profesora podría, siguiendo este mismo argumento, deducir que el alumno va a decir que hay examen el jueves y de ello concluir que su mejor estrategia es poner el examen el viernes.

En la teoría de juegos son comunes estas situaciones en donde un jugador piensa que el otro piensa que él piensa que el otro piensa, etc. Son juegos en donde no hay una estrategia clara para cada jugador. Sin embargo, Von Neumann y Morgenstern demostraron que, si se consideran combinaciones aleatorias de estrategias, entonces el juego sí tiene una solución óptima para los dos jugadores.

Si el alumno juega la estrategia "examen el jueves" con probabilidad x y la "no examen el jueves" con probabilidad $1 - x$, mientras que la profesora pone el examen el jueves con una probabilidad y, y el viernes con una probabilidad $1 - y$, entonces la puntuación media del alumno será la siguiente:

$$P = 8\,x\,y + 7x\,(1 - y) - y(1 - x) + 8(1 - x)(1 - y)$$

Esta ecuación se obtiene simplemente promediando las cuatro entradas de la tabla anterior con sus respectivos pesos. El equilibrio se logra maximizando P con respecto a las estrategias x del alumno y minimizándolo con respecto a las estrategias y de la profesora, lo que se conoce como *método minimax*. Desde el punto de vista de la Geometría, el equilibrio es un punto de silla[10] de la función $P(x, y)$, es decir, un punto estacionario en el que la función crece en una dirección y decrece en otra. En nuestro ejemplo, ese punto es $x = 9/10$, $y = 1/10$. Si sustituimos $x = 9/10$ en la expresión de P, obtenemos lo siguiente:

$$P = \frac{72}{10}y + \frac{63}{10}(1 - y) - \frac{1}{10}y + \frac{8}{10}(1 - y) = \frac{71}{10} = 7{,}1$$

Es decir, una puntuación media igual a 7,1 puntos, independientemente del valor de y. A su vez, para $y = 1/10$, la puntuación media es también igual a 7,1 puntos, independientemente del valor de x. Esta combinación de estrategias es de equilibrio ya que, si un jugador la adopta, el otro no tiene posibilidad de cambiar la puntuación variando su estrategia. Por el contrario, si uno de los jugadores se aleja de la estrategia de equilibrio, el otro siempre tiene a su disposición una nueva estrategia con la que aumentar su ganancia.

Pero es necesario recordar que estas estrategias son probabilísticas y cobran sentido solo cuando el juego se repite un gran número de veces: en un 10 % de ellas, la profesora pondrá el examen el jueves, y en el 90 % restante, el viernes. El alumno, por su parte, dirá un 90 % de las veces que el examen es el jueves y un 10 % dirá que no hay examen el jueves. De este modo, ambos se aseguran que la puntuación me-

---

[10] Para obtenerlos hay que igualar las derivadas parciales de $P(x, y)$ a cero, y entre los valores de x e y que cumplan estas condiciones, tomar los que hagan que la matriz hessiana sea indefinida.

dia que recibe el alumno es de 7,1 en cada juego. Sin embargo, es erróneo deducir de ello que, en una situación que consistiera en una sola ronda del juego, la profesora deba poner el examen el viernes y el alumno proclamar que lo ha puesto el jueves. Con ello volveríamos al argumento circular anterior. La estrategia de equilibrio es válida solo si las acciones se eligen al azar con las probabilidades prescritas.

En cualquier caso, es curioso que en la estrategia de equilibrio la profesora elija el viernes un 90 % de las veces. La razón es que el alumno está fuertemente inclinado a decir que hay examen el jueves para evitar la puntuación −1. La estrategia de equilibrio presupone esta fuerte inclinación y saca partido de ella poniendo el examen el viernes un gran número de veces, para así evitar que el alumno alcance la puntuación máxima de 8.

Supongamos que disponemos de tres días para el examen. ¿Qué ocurre el miércoles? La tabla de puntuación sería ahora la siguiente:

		Acciones de la profesora el miércoles	
		Examen	No examen
Predicción del alumno el miércoles	Examen	8	6,1
	No examen	−1	7,1

Para construir la tabla hemos tenido en cuenta que, si la profesora no pone el examen el miércoles, el jueves docente y alumno tienen que jugar de nuevo a un juego cuya ganancia media para el estudiante es de 7,1 puntos, como acabamos de demostrar. Por tanto, si el alumno dice que sí hay examen el miércoles, pero la profesora no lo pone en ese día, entonces tendrá una penalización de un punto y los siguientes días ganará 7,1 puntos en media. Su puntación total media es entonces de 6,1 puntos. El resto de valores de la matriz de pagos se obtiene con un razonamiento similar. Las estrategias de equilibrio en este nuevo juego son $x = 81/100$, $y = 1/10$, y la puntuación media con estas estrategias es ahora de 6,29 puntos.

Si se repite el argumento el martes y los días precedentes, se puede demostrar (más adelante lo detallamos para el caso general) que la estrategia de la profesora no cambia con los días: siempre decide un 10 % de las veces poner el examen y un 90 % no ponerlo (salvo el viernes, que es el día en el que tiene que ponerlo forzosamente si aún no lo ha hecho). La estrategia del alumno sí cambia a lo largo de la semana: al principio debe decir que hay examen con menos probabilidad que al final.

En la Figura 6.1 se puede ver cómo cambia la puntuación media y la estrategia del alumno en función de los días que le separan del viernes. He prolongado la gráfica más allá de los cinco días de la semana para que se pueda comprobar cómo, si el número de días en los que el examen puede ocurrir llega hasta 22, la puntuación media del estudiante se hace negativa.

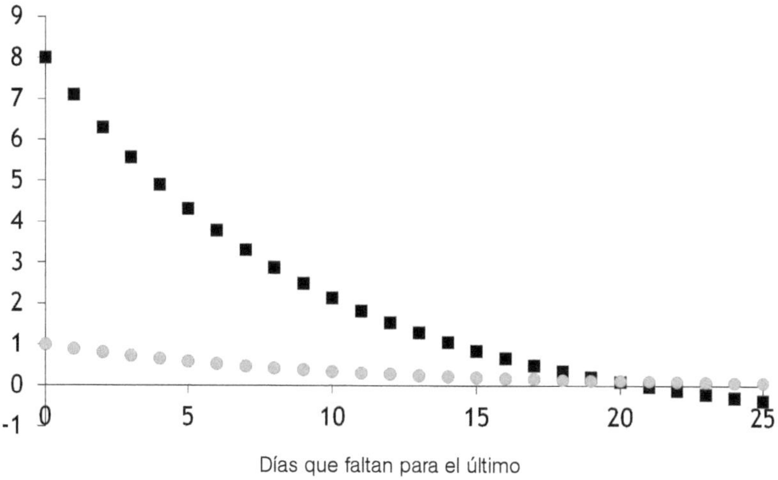

Figura 6.1. *Los cuadrados oscuros muestran la puntuación media del alumno en función del número de días que faltan para el viernes, último día en el que puede tener lugar el examen. Los claros representan la probabilidad de que el alumno diga en cada día que sí hay examen, siempre de acuerdo con la estrategia de equilibrio predicha por la teoría de juegos.*

¿Aporta algo nuestro juego al análisis de la paradoja original? El juego confirma lo que ya era evidente: que existe la posibilidad de que los alumnos yerren diciendo que no hay examen un día en el que lo hay, lo cual es una prueba de la existencia de un examen realmente inesperado. Sin embargo, hay una diferencia sustancial entre el juego y la paradoja. En el juego se permite que la profesora ponga el examen el viernes. Se la penaliza dando 8 puntos al alumno, pero esta penalización puede compensarse con los puntos que este pierde durante el resto de la semana. Aun así, el juego da una idea de cómo la puntuación media y, por tanto, la capacidad de acertar del alumno va disminuyendo cuando nos alejamos del viernes.

El caso general

Para concretar algo más estos argumentos es útil generalizar la matriz de pagos del juego suponiendo un premio de *a* puntos si el alumno acierta la fecha del examen, y una penalización de *b* puntos si dice que hay examen un día en el que no lo hay. En este caso, la matriz de pagos el jueves es la siguiente:

		Acciones de la profesora (fecha del examen)	
		Jueves	Viernes
Predicción del alumno el jueves	Examen	a	$a - b$
	No examen	$-b$	a

Y n días antes del viernes:

		Acciones de la profesora el día *n*	
		Examen	No examen
Predicción del alumno el día *n*	Examen	a	$P_{n-1,eq} - b$
	No examen	$-b$	$P_{n-1,eq}$

Donde $P_{n-1,eq}$ es la ganancia media del alumno con las estrategias de equilibrio $n - 1$ días antes del viernes. Si denotamos por x_n e y_n las probabilidades de que alumno y profesora, respectivamente, elijan la estrategia "examen" el día n antes del viernes, la ganancia media para el alumno ese día es

$$P_n = a\, x_n\, y_n + (P_{n-1,eq} - b)\, x_n\, (1 - y_n) - b(1 - x_n)\, y_n + P_{n-1,eq}\,(1 - x_n)(1 - y_n).$$

Podemos encontrar el punto de equilibrio igualando a cero las derivadas con respecto a x_n e y_n, respectivamente. Así se obtienen las estrategias de equilibrio:

$$x_{n,eq} = \frac{P_{n-1,eq} + b}{a + 2b}, \qquad y_{n,eq} = \frac{b}{a + 2b}.$$

Introduciendo estas estrategias en la fórmula para P_n, obtenemos una ley de recurrencia para la ganancia media de equilibrio el día n:

$$P_{n,eq} = \frac{a + b}{a + 2b}\,(P_{n-1,eq} + b) - \mathrm{b},$$

cuya solución, teniendo en cuenta que $P_{0,eq} = a$, es

$$P_{n,eq} = \frac{(a + b)^{n+1}}{(a + 2b)^n} - \mathrm{b},$$

Con todo ello, podemos escribir las estrategias de equilibrio en función de los parámetros a y b:

$$x_{n,eq} = \left(\frac{a + b}{a + 2b}\right)^n, \qquad y_{n,eq} = \frac{b}{a + 2b}.$$

Del juego a la paradoja

Intentemos retornar a la paradoja original a partir de este caso general. En la versión original de la paradoja, la profesora se compromete a que el examen sea, estrictamente, una sorpresa. Ese compromiso equivale a que a, los puntos que el alumno recibe, sea infinito. Para convencernos de ello, supongamos que el elemento en juego es dinero en lugar de puntos. En ese caso, si la profesora está completamente segura de que el examen va a ser una sorpresa, entonces estaría dispuesta a apostar una enorme cantidad a de dinero a que el alumno no adivinará el día.

Pero, si a es muy grande, mucho mayor que la penalización b, entonces el juego es trivial: la estrategia del alumno es decir siempre que hay examen, $x_{n,\text{eq}} \sim 1$ y con ello gana $P_{n,\text{eq}} \sim a$, puesto que la penalización b por fallar es despreciable frente al premio a por acertar.

Supongamos entonces que la penalización es igual al premio, $a = b$. Esto sería equivalente a que profesora y alumno apuesten a euros a que el alumno acierta la fecha. Entonces, las estrategias de equilibrio y la ganancia media son las siguientes:

$$x_{n,\text{eq}} = \left(\frac{2}{3}\right)^n, \qquad y_{n,\text{eq}} = \frac{1}{3}, \qquad P_{n,\text{eq}} = a\left(\frac{2^{n+1}}{3^n} - 1\right).$$

En la estrategia óptima, la profesora tiene que elegir si pone o no el examen con una probabilidad fija cada día, igual a 1/3. El alumno tiene que decir que hay examen con una probabilidad que crece cuando nos acercamos al último día y su ganancia media al principio del juego es

$$P_{\text{neta,eq}} = a\left(\frac{2^N}{3^{N-1}} - 1\right),$$

siendo N el número total de días en los que puede tener lugar el examen. Si se trata de una semana, $N = 5$, el alumno pierde dinero con la apuesta ya que $P_{\text{neta,eq}} \approx -0{,}6\ a$. De hecho, el estudiante solo gana dinero si $N = 1$ o 2. Podríamos decir que, con la versión de la paradoja como una apuesta entre profesora y alumno, el argumento inicial del alumno sobre la imposibilidad de poner el examen únicamente funciona, medianamente bien, el jueves.

Como decíamos al principio, nuestra versión de la paradoja del examen inesperado no la resuelve del todo, pero sí aclara el origen del problema. Si el examen no es "inesperado", entonces el alumno estaría dispuesto a apostar una fuerte suma a que va a ocurrir ese día. Pero debe tener una penalización si no acierta. De otro modo, diría que hay examen todos los días. Esta penalización es la que no está presente en la paradoja original y, al incluirla, la contradicción desaparece, como hemos visto en nuestra interpretación del problema como un juego de suma nula.

Nuestra "solución" aleja la paradoja de la pura contradicción lógica y la lleva al terreno más manejable del cálculo de estrategias y ganancias, algo que probablemente no habría satisfecho a Gardner por completo. Como decíamos al principio, el propio Gardner propuso una variante basada en una apuesta muy similar a nuestro juego: si el alumno adivina la fecha del examen (en su ejemplo se trata de adivinar una carta), gana mil dólares y, si no la adivina, pierde diez centavos. Aunque no realiza el análisis de la teoría de juegos, el ejemplo de la apuesta le sirve para demostrar que no es del todo descartable la posibilidad de que el examen sea el viernes.

En el caso de contar con solo dos días para poner el examen, por ejemplo, Gardner argumenta que la profesora no tiene base racional para elegir el jueves o el viernes, puesto que en ambos casos tiene parecida probabilidad de perder los mil dólares. Lo que no hace Gardner es cuantificar esa probabilidad ni tampoco percatarse de que es necesaria una penalización considerable cuando el alumno dice que hay examen no habiéndolo, pues, sin ella, su estrategia sería decir que hay examen todos los días.

La discusión general de Gardner en su artículo, así como los análisis que él cita de Quine y otros matemáticos y lógicos, inciden precisamente en que la contradicción reside en la dificultad de incorporar la noción de "inesperado" en la argumentación lógica. Es evidente que es muy difícil, o quizá imposible, formalizar la certeza absoluta de que algo ocurra. Sin embargo, la noción de expectativa, que es una forma "dulcificada" de certeza, se expresa de manera muy natural cuando se reduce la paradoja a un juego o apuesta. Creo que esta última consideración sí habría sido del gusto de Martin Gardner, puesto que muestra la potencia de las matemáticas para abordar el mismo problema desde puntos de vista diferentes.

Lecturas recomendadas, y más...

[1] Amster, P. y Pinasco, J. P.: *Teoría de Juegos. Una Introducción Matemática a la toma de decisiones.* Fondo de Cultura Económica, 2014.

[2] Chow, T.: "The surprise examination or unexpected hanging paradox". *The American Mathematical Monthly*, vol. 105, págs. 41-51, 1998.

[3] Gardner, M.: *The Unexpected Hanging and other Mathematical Diversions* (The University of Chicago Press, 1991). Traducción española: *El ahorcamiento inesperado y otros entretenimientos matemáticos.* Alianza Editorial, 1992.

[4] Holtzman, J.: "A note on Schrödinger's cat and the unexpected hanging paradox". *The British Journal for the Philosophy of Science*, vol. 39, págs. 397-401, 1988.

[5] Margalit, A. y Bar-Hillel, M.: "Expecting the unexpected". *Philosophia*, vol. 13, págs. 263-288, 1983.

[6] Parrondo, J. M. R.: "El examen inesperado y la teoría de juegos". *Investigación y Ciencia*, 320, págs. 86-87 (mayo de 2003).

Capítulo siete

Martin Gardner y la papiroflexia

Natalia de Lucas

Existe un tipo de personas que se sienten atraídas por los rompecabezas, las estructuras matemáticas, los acertijos, la magia... y la papiroflexia. Este fue el caso de Martin Gardner, cuyo interés por la papiroflexia se basó principalmente en su pasión por el ilusionismo. Muchos magos han utilizado la papiroflexia en sus trucos de magia hasta nuestros días, como Houdini, Will Blythe o Will Goldston. Este fue el motivo por el que Martin Gardner se interesó por ella, y en su publicación *Después del postre* incluyó varios trucos de papel como "El pájaro de papel japonés", "Servilleta con sujetador improvisado" o "El pez soplador".

El primer artículo que publicó Martin Gardner en *Scientific American* apareció en el número de diciembre de 1956 con el título "Flexágonos". Pero ¿qué es un *flexágono*? Es un objeto plano (cuadrado, rectángulo o hexágono) creado mediante el pliegue de una pieza de papel, cuya principal característica reside en que, al doblarlo adecuadamente, muestra más caras de las dos únicas que en un principio tiene un polígono o una figura plana cualquiera.

La palabra *flexágono* está compuesta por los términos 'flexible' y 'hexágono', ya que los primeros modelos tenían seis lados (posteriormente se han creado modelos de cuatro lados, cuadrados o rectangulares). Eran curiosos mecanismos de papiroflexia descubiertos por Arthur H. Stone en 1939 y que estaban empezando a divulgarse en aquel tiempo. En concreto, Gardner habló de los *hexaflexágonos*, que además de ser unos entretenidos pasatiempos, son objeto de estudio dentro de la especialidad matemática llamada Topología. En junio de 1957 Martin Gardner publicaría un artículo sobre la banda de Moebius, y en mayo de 1958 otro sobre los tetraflexágonos.

En 1956 también se había publicado la "Magia de Papel" de Robert Harbin y un año antes en Ámsterdam se había celebrado la exposición del arte de la papiroflexia del japonés Akira Yoshizawa. De la noche a la mañana, la papiroflexia se puso de moda. En 1958 se formó el Origami Center de Nueva York, en 1967 se creó la British Origami Society y los mejores papiroflectas de Estados Unidos, los de Inglaterra y Akira Yoshizawa en Japón comenzaron a mantener correspondencia.

Figura 7.1. *Hexaflexágono (vista de las tres caras)*[11].

Origen del *origami* y la papiroflexia

El origen de la papiroflexia se sitúa en Japón y la palabra japonesa utilizada para la papiroflexia es *origami*, compuesta por *ori*, que significa 'doblar', y *kami*, que significa 'papel'. La historia de la papiroflexia comienza junto con la del papel, en China, alrededor de los siglos I o II, y llega a Japón en el siglo VI. En un principio, ocupó un lugar importante en el ceremonial de la nobleza japonesa, ya que tanto los samuráis intercambiaban regalos adornados con papel plegado como los nobles *shinto* celebraban sus bodas con vasos de sake decorados con mariposas de papel. Cuando el papel se abarató lo suficiente como para que todo el mundo pudiera utilizarlo, el *origami* se puso de moda entre la población.

No solo se hacía papiroflexia en Japón, los musulmanes comenzaron en el siglo VIII y, en Occidente, la pajarita forma parte de la cultura popular española desde, por lo menos, el siglo XVII. Un gran apasionado de la papiroflexia de principios del siglo XX fue Miguel de Unamuno. Además de escritor, poeta y filósofo, practicó la papiroflexia y la documentó, haciendo numerosos modelos originales como los de una estrella, una tetera, una pájara, un búho, etc. A la técnica de hacer pajaritas de papel Unamuno la bautizó con el nombre de *cocotología*, palabra compuesta del término francés *cocotte*, 'pajarita de papel', y de la griega *logia*, 'tratado'.

El padre de la papiroflexia moderna fue el japonés Akira Yoshizawa (1911-2005). A él le debemos la simbología actual de las instrucciones de plegado de los modelos, lo que ha permitido la difusión internacional de las distintas creaciones, al no importar el idioma en el que estén escritos los desarrollos.

Así, podemos señalar dos corrientes en la papiroflexia moderna: la **escuela japonesa** y la **escuela occidental.** En la escuela japonesa la papiroflexia ha sido cultivada por artistas no científicos y consiste en captar la esencia de lo que se quiere representar con un mínimo de pliegues, aunque la figura resultante no sea anatómicamente perfecta. En la escuela occidental, la papiroflexia ha sido desarrollada por matemáticos,

[11] Si quieres aprender a construir un flexágono y conocer más sobre ellos puedes consultar el artículo de Pedro Alegría en el anterior libro de esta colección, *Gardner para principiantes*.

ingenieros, físicos, arquitectos... y persigue la exactitud anatómica (por ejemplo, los insectos se intentan reproducir con todas sus patas, pestañas, cuernos, alas...).

Además, detrás de cada figura puede existir una preciosa historia como la que leeréis a continuación:

> *Tras el lanzamiento de la bomba atómica sobre Hiroshima en 1945, que causó 75 000 víctimas mortales, nada hacía prever que esta bomba se cobraría aún más vidas de una manera silenciosa.*
>
> *Ese fue el caso de Sadako Sasaki, una niña que enfermó de leucemia. Mientras estaba hospitalizada, un amigo le regaló una grulla de* origami. *La grulla es considerada un pájaro sagrado en Japón; existe una leyenda que dice que todo aquel que consiga hacer mil grullas de papel verá cumplido un deseo. Sadako comenzó a hacer grullas con todos los papeles que caían en sus manos, para intentar curarse.*
>
> *Cuando su salud se fue debilitando, Sadako cambió su deseo por el de conseguir la paz en el mundo. Cuando murió había conseguido hacer más de 1400 grullas. Sus compañeras de escuela hicieron mil grullas de papel que se enterraron con Sadako. En 1958 fue inaugurado, en el Parque de la Paz de Hiroshima, un monumento a Sadako con las grullas. Cada 6 de agosto se celebra el Día de la Paz en Japón y gente de todo el mundo envía grullas de papel al parque.*

Monumento a Sadako en el Parque de la Paz de Hiroshima[12].

---

[12] Imagen de la fotógrafa Lisa Norwood, https://commons.wikimedia.org/wiki/File:Origami_(2).jpg.

Desde estas líneas invito a los lectores a que cada 6 de agosto hagan una grulla de papel y le enseñen a alguien a hacerla, será nuestra original manera de pedir la Paz en el mundo.

Papiroflexia modular

Se hizo popular a comienzos de la década de 1990 y consiste en elaborar figuras utilizando varios trozos de papel que dan lugar a piezas independientes llamadas *módulos*. Estos módulos poseen solapas y bolsillos, que se usan para ensamblarlos entre sí, sin necesidad de emplear ni pegamento ni tijeras.

En el *origami* modular existe una gran variedad de flexágonos formados por varios módulos en los que el modelo final puede rotarse o doblarse para crear un efecto de caleidoscopio.

Aquí tenemos varios ejemplos:

Figura 7.2. *"Círculo mágico" (8 piezas). Autor: Quimi Bernardo (2.° de ESO).*

Figura 7.3. *"Fuegos artificiales" (12 piezas). Autor: Quimi Bernardo (2.° de ESO).*

La papiroflexia modular tiene un gran valor artístico, estético, y por supuesto, matemático. Por ejemplo, con ella podemos elaborar poliedros, que son objetos con formas que han fascinado a los matemáticos desde la Antigua Grecia, y sus construcciones nos permiten hacer giros y manipulaciones muy especiales con ellos.

Además, en la papiroflexia modular, tanto en el diseño como en el plegado y el ensamblaje de los módulos, se utiliza el lenguaje matemático al hablar de *aristas*, *caras*, *vértices*, *diagonales*... y otros conceptos más complejos como el grado de un vértice, la regularidad, la simetría, la dualidad, la colorabilidad... Por tanto, la papiroflexia modular es una buena herramienta para explicar matemáticas en muchos niveles educativos.

Dependiendo de en qué nos fijemos para describir un poliedro (vértices, aristas o caras), se pueden clasificar los módulos en tres tipos de ensamblajes: por las caras, **módulo Sonobè**, por las aristas, **módulo PHiZZ** o por los vértices, **módulo giróscopo**. Veremos cómo se construyen a continuación y varias de las figuras que se pueden hacer con cada uno de ellos.

Módulo Sonobè

Los módulos de tipo Sonobè son probablemente los más populares y se deben al japonés Mitsunobu Sonobè. Estos módulos se juntan de tres en tres para formar una pirámide que tiene como base un triángulo equilátero y sus tres caras son triángulos isósceles rectángulos, de tal manera que los ángulos rectos corresponden al vértice opuesto a la base de la pirámide. Son, por tanto, muy adecuados para construir poliedros estrellados cuyas caras son triángulos (icosaedro estrellado, octaedro estrellado...). Un reto interesante sobre el módulo Sonobè consiste en colorear sus caras, sin repetir colores en caras que toquen un mismo vértice.

¿Cómo se hace?

Para la construcción del módulo Sonobè partimos de un cuadrado. En cada dibujo aparece cómo debe quedar después de doblarlo.

Paso 0

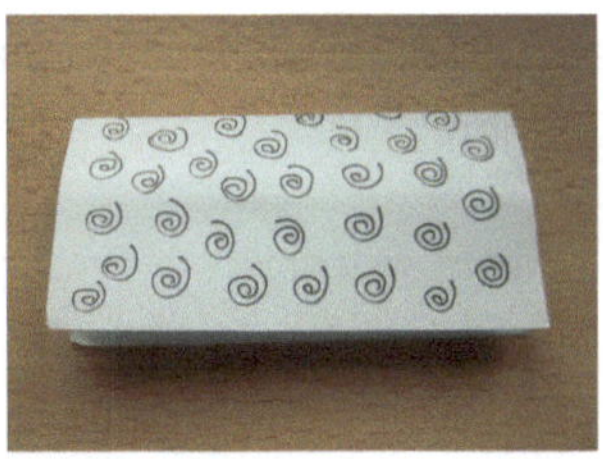

Paso 1

Paso 2

Paso 1: se dobla longitudinalmente por la mitad.

Paso 2: cada una de las partes en las que ha quedado dividido el cuadrado se dobla por la mitad, otra vez longitudinalmente.

Paso 3: este es el más difícil, pues según cómo se doble sale una pieza o su simétrica y ambas no son intercambiables. Por ello hay que doblar todas las piezas eligiendo siempre las mismas esquinas. Se dobla la esquina inferior derecha de forma que el vértice se superponga con el punto medio del segmento superior del rectángulo.

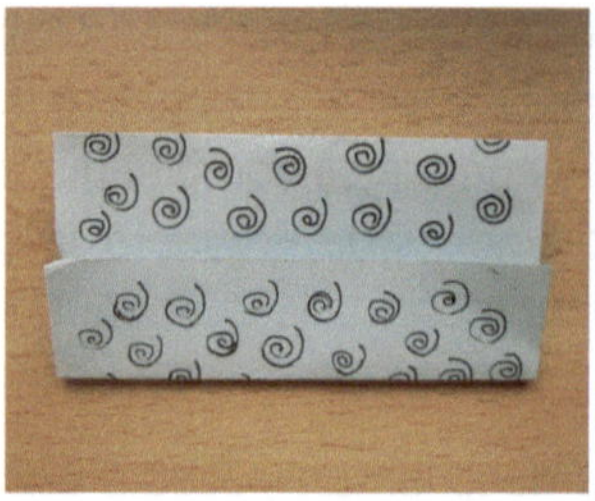

Paso 2

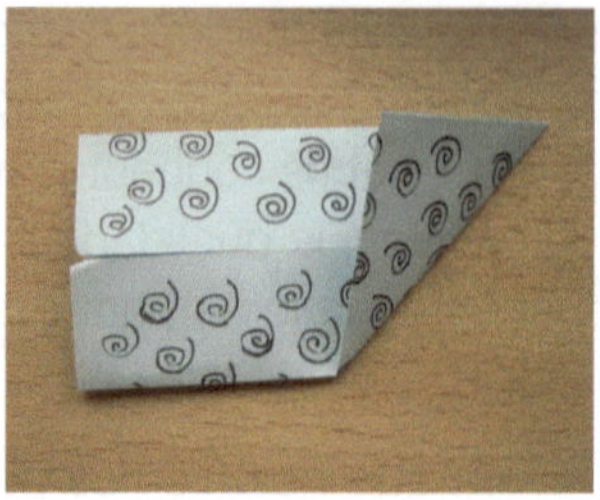

Paso 3

Paso 4: se dobla la esquina superior izquierda de forma que el vértice se superponga en el punto medio del segmento inferior del rectángulo.

Paso 5: se deshace el paso 4 y los dos triángulos pequeños formados en las esquinas se doblan hacia dentro.

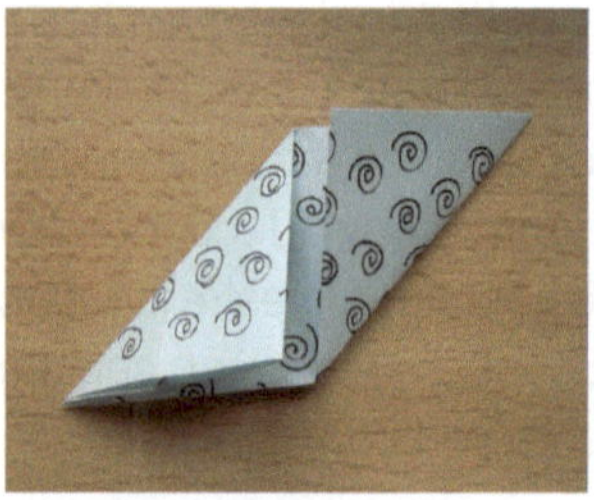

Paso 4

Paso 5

Paso 6: el triángulo grande inferior derecho se esconde debajo del trapecio superior, tapando en parte el triángulo que acabamos de doblar.

Paso 7: se repite el paso 6 escondiendo el triángulo grande superior izquierdo, quedando como aparece en la imagen.

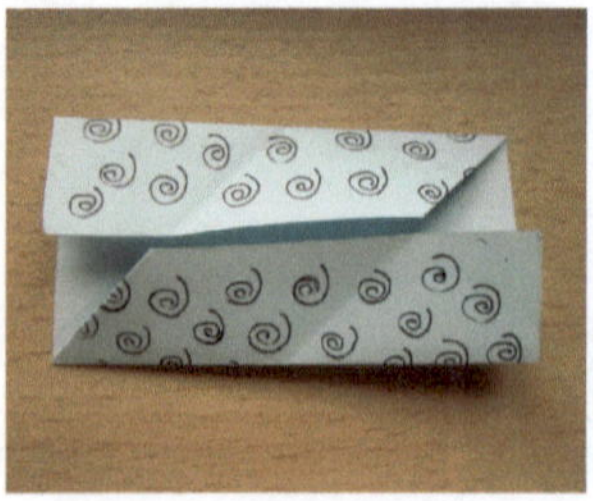

Paso 5

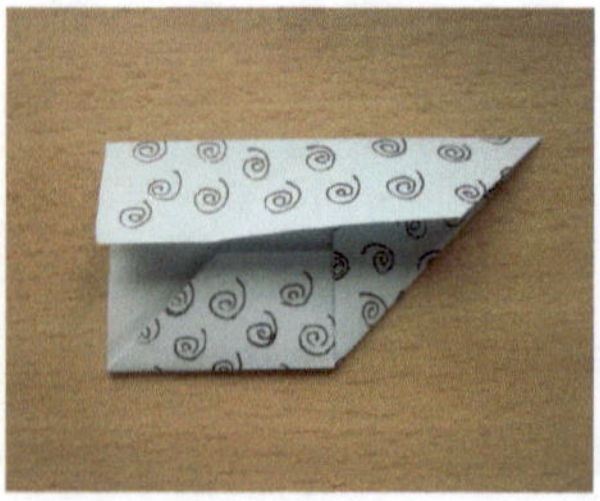

Paso 6

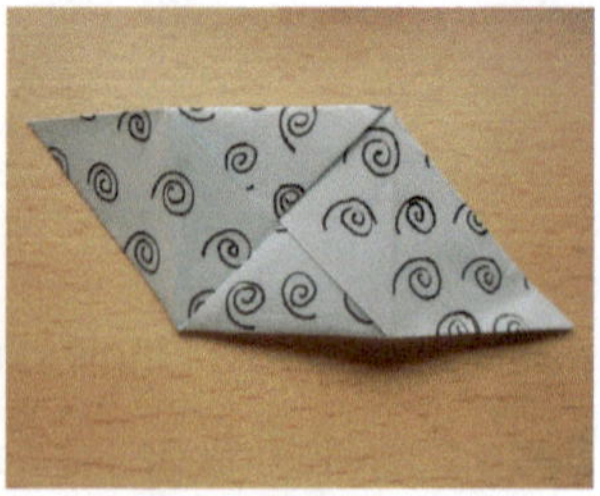

Paso 7

Paso 8: de esta forma, hemos terminado el módulo Sonobè. Solo queda doblar ese módulo para que pueda engancharse uno con otro, y para ello le damos la vuelta al módulo.

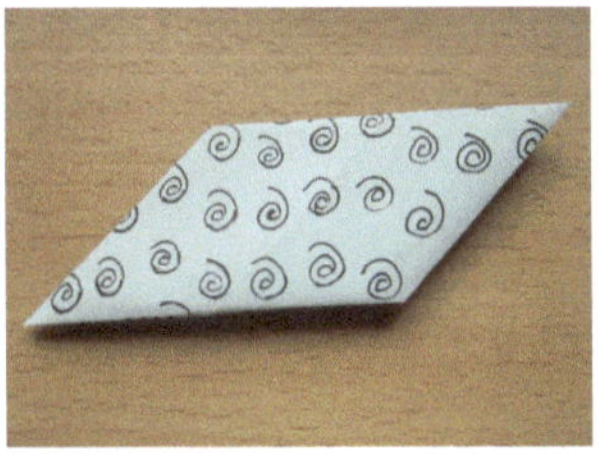

Paso 8

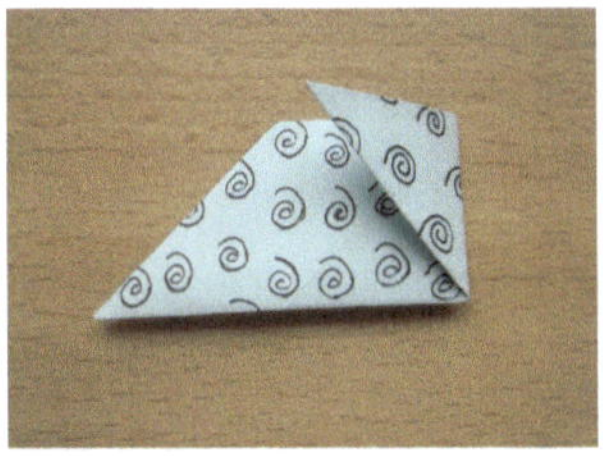

Paso 9

Paso 10

Pasos 9 y 10: El módulo, que tiene forma de romboide, se dobla de tal manera que lo convirtamos en un cuadrado, como en la imagen.

Construcciones con el módulo Sonobè

- **Poliedros estrellados:**

Figura 7.4. *Icosaedro estrellado.*

Un teorema que se visualiza en este tipo de construcciones es el de Euler, que dice así: "Dado un poliedro homeomorfo a una esfera con V vértices, A aristas y C caras, entonces se cumple la fórmula: $V - A + C = 2$.

- **El cubo Soma** es un rompecabezas geométrico, con siete piezas formadas con cubos que hay que unir para conseguir un cubo mayor. Fue inventado por Piet Hein en el año 1936. Con las piezas del cubo Soma se pueden crear otras formas, con diseños geométricos o incluso diseños figurativos. Hay recopilaciones con miles de estas figuras.

Figura 7.5. *Cubo Soma.*

- **Igualdades matemáticas:** creamos las piezas necesarias con módulos Sonobè para explicar el teorema de Pitágoras como la suma de las áreas de los cuadrados de sus lados.

Figura 7.6. *Podemos ilustrar el teorema de Pitágoras con módulos de Sonobè.*

- **Fractales:** con módulos Sonobè, construimos la esponja de Menger, que es un conjunto fractal descrito por primera vez en 1926 por Karl Menger (1902-1985).

  La construcción de la esponja de Menger se lleva a cabo de forma recursiva eliminando el cubo central de cada cara de los cubos del paso precedente, así como el cubo central del interior. Así quedan solamente veinte cubos de los veintisiete de partida. La esponja de Menger es el límite de este proceso tras un número infinito de iteraciones.

Figura 7.7. *Primer paso en la construcción de una esponja de Menger.*

Módulo PHiZZ

El nombre de módulo PHiZZ corresponde al acrónimo del módulo pentagonal-hexagonal-zig-zag, diseñado por Thomas Hull. Los poliedros que se obtienen son bastante resistentes, pero se necesitan tres módulos para cada vértice y un poco de paciencia para el ensamblaje.

¿Cómo se hace?

Para construir un módulo PHiZZ se parte de un cuadrado de papel que se dobla como se indica a continuación:

Pasos 1 y 2: se dobla longitudinalmente por la mitad. Cada una de las partes en las que ha quedado dividido el cuadrado se dobla hacia fuera en dos partes, paralelamente al doblez anterior, como un acordeón.

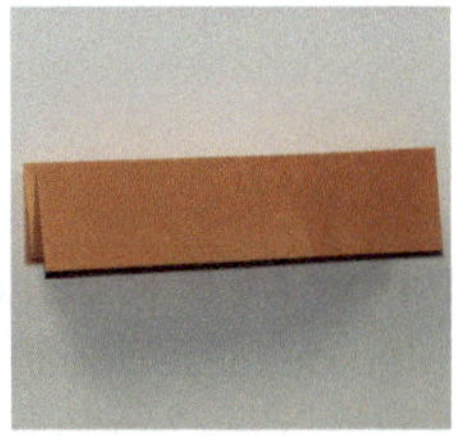

Paso 3: se dobla por el vértice inferior izquierdo haciendo coincidir el lado izquierdo con el lado inferior de la figura.

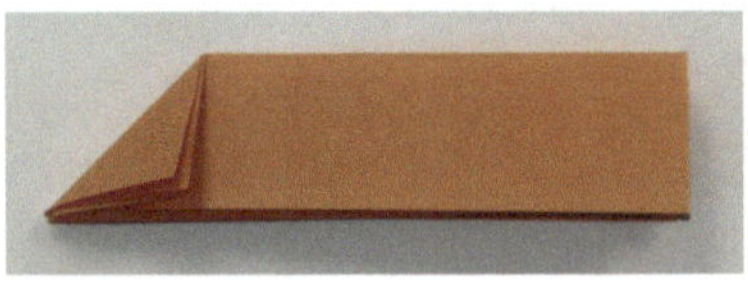

Paso 4: se dobla por el vértice superior izquierdo llevando por delante el lado superior a la vertical como en la figura.

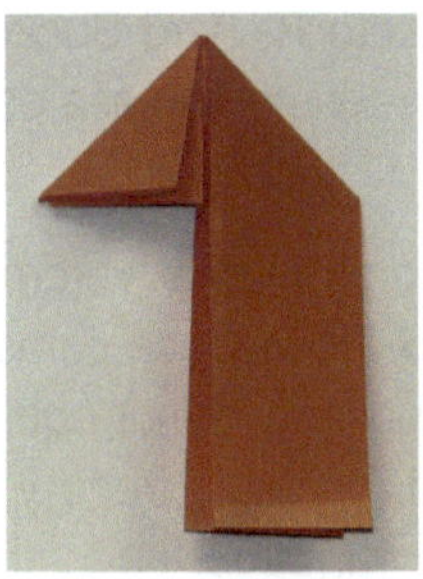

Paso 5: se dobla hacia arriba haciendo coincidir el pliegue con el lado horizontal de la figura.

Paso 6: se dobla por el vértice inferior izquierdo del rectángulo haciendo coincidir el lado izquierdo con la base de la figura.

Pasos 7 y 8: le damos la vuelta a la pieza para hacer el último doblez. Se dobla a lo largo de la diagonal del cuadrado de la izquierda. Los módulos se entrelazan de tres en tres deslizando un módulo dentro de otro en ángulo recto, haciendo que los dobleces coincidan entre sí. Se desliza el tercer módulo dentro del segundo y, simultáneamente, se inserta el primero en el último. Al final hay que ajustar bien los módulos entre sí.

Construcciones con el módulo PHiZZ

- **Balones de fútbol o *fullerenos*:** un *fullereno* es un poliedro formado por pentágonos y hexágonos, de modo que todos los vértices son de grado tres. Su nombre está puesto en honor al arquitecto Richard Buckminster Fuller (1895-1983), que construyó un pabellón esférico futurista con esa estructura en la Exposición Universal de Montreal de 1967.

  Si miramos con atención un balón de fútbol, veremos que en cada vértice se juntan dos hexágonos y un pentágono. Tiene doce caras pentagonales y veinte hexagonales. El balón de fútbol es un poliedro semirregular (son como los regulares, pero usando dos tipos de polígonos; hay solo trece y se llaman arquimedianos), y su auténtico nombre es *icosaedro truncado*.

Figura 7.8. *Dodecaedro de 30 módulos (izquierda), Buckyball, de 120 módulos (derecha).*

- **Toros:** un *toro* es el nombre matemático por el que se conoce a la superficie de un flotador o una rosquilla. Un interesante reto consiste en diseñar toros con este mismo módulo usando la menor cantidad de piezas posible. El toro de Roberto Gretter tiene 555 piezas. Tom Hull y sus alumnos han diseñado diferentes modelos de 240, 105 y 81 piezas, llegando al límite de lo físicamente realizable.

Módulo giroscopio de 3 puntas

El nombre de *módulo giroscopio* no se debe a su forma sino a que es invariante bajo ciertos giros alrededor de un eje, lo que nos recuerda el movimiento de rotación de una peonza o un giróscopo.

En *origami* existen dos modelos de módulos giroscopio, el de tres puntas y el de cuatro puntas. En este artículo veremos el de tres puntas.

¿Cómo se hace?

Se parte de dos triángulos equiláteros de papel a los que se les dan los dobleces indicados en cada imagen.

Paso 1: los dos triángulos se doblan por sus tres medianas. Recordemos que en un triángulo equilátero las medianas, mediatrices, alturas y bisectrices son líneas coincidentes.

Paso 2: para construir el módulo se colocan los triángulos uno sobre otro formando una estrella de seis puntas haciendo coincidir todos los dobleces.

Paso 3: para mantener unidos los dos triángulos, las puntas del triángulo de abajo se doblan sobre el lado correspondiente del triángulo que está encima.

Paso 4: en el triángulo formado, se dobla hacia dentro por el punto medio de uno de los lados, haciendo coincidir los dos vértices de ese lado. Hacemos lo mismo en los puntos medios de los otros dos lados para dar forma y flexibilidad al módulo realizado.

Los módulos se entrelazan introduciendo la punta de un módulo entre los dos triángulos de otro, como se puede ver en estas imágenes.

Construcciones con módulos giroscopio de tres puntas

Dodecaedro (página de la UAM)

Octaedro truncado (página de la UAM)

Figura 7.9. *Construcciones con módulos giroscopio de tres puntas.*

Construcciones con módulos giroscopio de cuatro puntas

- **Molinillo:** esta construcción se debe al papiroflecta Lewis Simon. Para hacerlo son necesarios doce módulos giroscopio de cuatro puntas.

Figura 7.10. *Molinillo.*

Otras construcciones modulares

Figura 7.11. *Otras construcciones modulares, de izquierda a derecha: brocado, estrella polar y tetraedros entrecruzados.*

Conclusión

Espero que después de leer estas líneas te animes a realizar alguna de estas construcciones, participando así de la pasión de Martin Gardner por la papiroflexia. He de reconocer que, aunque en mi infancia sentí interés por ella, siempre pensé que nunca iba a tener la paciencia suficiente para realizar modelos de papel que fueran más allá del típico avión, vaso o barquito.

Años más tarde, tras asistir a unas jornadas de aprendizaje y enseñanza de las matemáticas, descubrí que no solo se trata de un entretenimiento sino de un arte, porque de ella se obtienen objetos hermosos, algunos de gran valor y complejidad, y algunas piezas constituyen un auténtico reto. Y no solo eso, es también una técnica que fomenta la creatividad, la paciencia, que ayuda a la concentración y que como todo lo que se hace a mano, produce una gran satisfacción personal.

La papiroflexia representa una atractiva forma de acercarse a las matemáticas, tanto por su riqueza cultural como por su gran valor pedagógico, y es una prueba más de que las matemáticas son divertidas.

Lecturas recomendadas, y más...

[1] GARRIDO, B.: *Orisangakus*. Colección "Estímulos Matemáticos", SM, 2016.

[2] LANG, R.: Disponible en http://www.langorigami.com/.

[3] VIDAL MARTÍN, M. Á.: *Doblando las mates*. Auga, 2011.

Capítulo ocho

Matemáticas en color

Marco Castrillón

Introducción

Prácticamente todo el mundo ha sido partícipe, en algún momento de su vida, de alguna discusión en torno a un color o una tonalidad. La definición de un "blanco roto" o de un "rosa palo" puede ser origen de airados debates, situaciones en las que se mezcla tanto la definición objetiva (y también arbitraria) del fabricante del pigmento, como la valoración subjetiva de cada uno de los participantes de la discusión. El color es un ingrediente crucial en nuestra percepción del mundo exterior, y su visión, como pasa con el resto de los sentidos, tiene esa maravillosa mezcla que vive a caballo entre la apreciación subjetiva del individuo, los gustos que acuña una sociedad y la descripción por medio de herramientas científicas, en nuestro caso, matemáticas.

El objetivo de este capítulo es el de entrever el lenguaje matemático del color. Sería ideal que se proporcionasen aquí respuestas matemáticas a preguntas como las siguientes: ¿cómo se construye una tonalidad a partir de unos pigmentos primarios?, ¿cuántos colores hay?, ¿se puede medir la diferencia entre dos colores? Pero estos objetivos no son fáciles. Eso lo demuestra la multitud de hitos matemáticos que han jalonado la investigación de estas cuestiones.

De hecho, la profusión de trabajos científicos al respecto es especialmente notable en las últimas décadas debido a la comercialización a gran escala de impresoras y otros aparatos de reproducción de color en el mercado, tecnología que requiere un sólido apoyo matemático que la sustente. Nos propondremos aquí, por tanto, un objetivo más modesto. La intención va a ser la de describir algunos modelos que permitan simplemente abordar las cuestiones mencionadas más arriba.

Tras la lectura de estas páginas (y sobre todo, de las referencias que se indican), el lector, si quiere, podrá esgrimir algún argumento matemático en la defensa de su posición en las discusiones, que como se indica en el párrafo anterior, podemos encontrarnos en algún momento de nuestras vidas.

La organización del trabajo es la siguiente: en la primera sección, se apela a la Física y la Biología para fundamentar las premisas matemáticas con las que trabajaremos. Posteriormente, se desarrollará un ejercicio de Álgebra combinando colores primarios y, finalmente, se ampliará el modelo dando forma a la curva de colores visibles. Las propiedades geométricas de este conjunto servirán para cerrar el trabajo.

Fundamentos del color

Desde los trabajos de James C. Maxwell en el siglo XIX, se tiene claro que la luz es una perturbación electromagnética. No toda onda electromagnética es lumínica. Solo lo son aquellas con frecuencias contenidas en una estrecha ventana que va aproximadamente desde los[13] $380 \cdot 10^{12}$ Hz hasta los $780 \cdot 10^{12}$ Hz. Este intervalo es el denominado *espectro visible*, y está condicionado por la fisiología del ojo humano. No todos los seres vivos tienen estos límites visuales y hay especies que disfrutan de espectros más o menos generosos.

Fuera de los límites visibles se tienen, por ejemplo, las ondas de radio, las microondas o los infrarrojos en frecuencias menores de $380 \cdot 10^{12}$ Hz, o los ultravioletas, los rayos X o la radiación más allá de los $780 \cdot 10^{12}$ Hz. La Física Cuántica nos enseña que la naturaleza de la luz es también corpuscular, es decir, está formada por partículas llamadas *fotones*. Pero no será necesario que hablemos mucho de ellos en estas páginas.

Cuando un rayo de luz vibra con una única frecuencia se dice que se tiene una "composición espectral pura". Sin embargo, lo normal en la naturaleza es encontrarse con luces espectrales mixtas, en las que se combinan varias (o infinitas) frecuencias distintas.

El color o los colores de un rayo lumínico es una apreciación humana derivada de las estructuras fisiológicas de las que se vale para percibir la luz. En la retina se encuentran varios tipos de células fotosensibles. Las más abundantes son los llamados *bastones*, unas células excitables con pocos fotones y que proporcionan información sobre la intensidad de la luz. Los *conos*, sin embargo, aportan datos sobre las frecuencias de dicha luz.

Una vez procesada por el cerebro, la información que envían estas células se traduce en la percepción de la imagen y de su color. Los conos requieren mucha más luz para funcionar que los bastones, por lo que no son operativos en situaciones de escasa luminosidad. Como todos sabemos, en la oscuridad no somos buenos distinguiendo colores. Como dice la sabiduría popular, *todos los gatos son pardos*.

Hay tres tipos de conos, etiquetados, respectivamente, como C, M y L. Cada uno de ellos es excitado por un rango de frecuencias distinto. En concreto, los conos C muestran un mayor estímulo frente a la frecuencia $665 \cdot 10^{12}$ Hz, los conos M frente a $560 \cdot 10^{12}$ Hz y los conos L frente a $517 \cdot 10^{12}$ Hz. El nombre proviene de las iniciales de *corto*, *medio* y *largo*, en relación con la longitud de onda que los estimula. Alrededor de estos valores máximos, las frecuencias a las que responde el cono C con mayor fuerza son las que interpretamos como azuladas, siendo verdes para el cono M y rojizas para el cono L. Sin embargo, como se puede ver en el siguiente diagrama (Figura 8.1), los conos son estimulados en otras frecuencias, de forma que un mismo estímulo excita, en mayor o menor medida, a los tres conos.

---

[13] El hercio o *hertz* (Hz) es la unidad de frecuencia y corresponde a una oscilación por segundo.

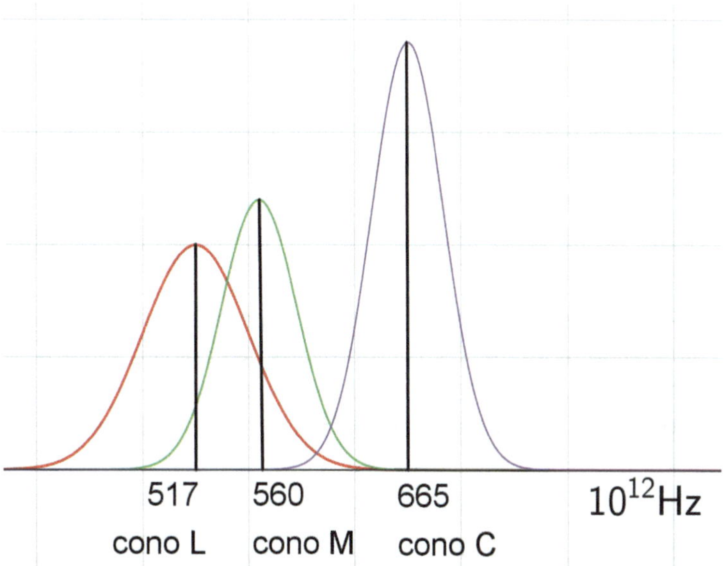

Figura 8.1. *Diagrama de las frecuencias a las que son estimulados los conos L, M y C.*

Los animales que como nosotros tienen tres tipos de conos se llaman *tricromáticos*. Hay animales *dicromátricos* (y, por tanto, con menor sensibilidad ante el color) y también hay animales *multicromáticos*, que con sus cuatro o más tipos de conos son capaces de percibir, por ejemplo, el ultravioleta. A veces se ha aventurado la posibilidad de que algunos humanos sean tetracromáticos, especialmente las mujeres, ya que esta posibilidad se asocia a una doble alteración genética del cromosoma X. Sin embargo, no existen aún demasiados estudios al respecto.

Álgebra de colores

En el colegio se nos explica que hay tres colores primarios a partir de los cuales se puede reconstruir completamente la paleta cromática de nuestro estuche de lapiceros. Así se nos dice que, si uno pierde el lápiz verde, puede recuperar el color mezclando el azul con el amarillo. La existencia de tres colores primarios ha sido una constante en la historia del color.

Ya los griegos, como Aristóteles o Alejandro de Afrodisia, hablaban de unos colores elementales (muchas veces, únicamente el negro y el blanco) a partir de los cuales surgían todos los demás. Sin embargo, se trataba más bien de una explicación filosófica, unida al concepto abstracto de *sustancia*. De forma más práctica, hay que recurrir a los pintores antiguos para aprender que, en el intento de ampliar su paleta a partir de los pocos pigmentos estables que la naturaleza les daba, un buen artista tenía que contar como mínimo con una colección de 3 o 4 colores elementales. El químico Robert Boyle, en 1665, habla indiscutiblemente de tres colores primarios, y en el siglo XVIII, más concretamente en 1725, el francés Christoph le Blon da las reglas de la suma y la sustracción de colores primarios, como a continuación vamos a ver.

Con el fin de fijar conceptos, empecemos estudiando el color emitido por dispositivos lumínicos. Pensemos por ejemplo en las partes altas de los escenarios de un teatro, en donde se encuentran los complejos sistemas de iluminación. Estos están compuestos generalmente con focos de tres colores primarios: rojo (R), verde (V) y azul (A).

También pueden contar con focos de luz blanca, pero resulta más práctico producir el blanco mezclando la luz de los focos de esos tres colores, técnica que permite, intensificando en cualquier momento cualquiera de ellos, aportar instantáneamente alguna tonalidad fría o cálida al escenario. Hemos dado ya la primera operación de color:

$$R + A + V = B \text{ (blanco)}.$$

Por otra parte, mezclando dos colores primarios se obtiene lo siguiente:

$$V + A = C \text{ (cian)}$$

$$R + A = M \text{ (magenta)} \qquad (*)$$

$$R + V = Am \text{ (amarillo)}$$

Los monitores de televisión o de ordenador juegan también con estas operaciones. De tamaño minúsculo, en cada punto hay emisores de R, V y A (o RGB, en su denominación inglesa), que mezclados convenientemente producen combinaciones de miles de colores.

Además, el sistema RGB está disponible, por ejemplo, en la definición de los colores de multitud de programas informáticos gráficos. El usuario puede construir su propio color fijando la intensidad de cada color primario en un intervalo de 0 a 256 (se usa este número simplemente por comodidad al ser una potencia de dos). Se tiene acceso así a una gama de más de 16 millones de colores y brillos. Por ejemplo, el matiz *verde mar* se obtiene con los ingredientes R = 51, V = 153, A = 102.

Sin embargo, volvamos a las operaciones básicas descritas en las fórmulas (*) sin atender a los matices, de forma que, por ejemplo, dos verdes distintos sean llamados simplemente "verde". El siguiente paso para entender las operaciones de colores surge cuando se trabaja mezclando tintes o pinturas en vez de jugar con la luz emitida por los focos. El color de una pintura es el resultado de la reflexión de la luz que le viene de fuera (y que suponemos blanca) y no de la emisión de luz propia.

Aquí, el proceso es más bien de sustracción en vez de suma. Si sobre un pigmento incide luz blanca (B = R + A+ V) y lo vemos amarillo, es porque ha sabido absorber completamente el azul quedando así R + V = Am. El pigmento magenta, igualmente, absorbe el verde y el cian absorbe el rojo. Si ahora mezclamos, por ejemplo, cian con magenta, se absorben el rojo y el verde, respectivamente, por lo que de la luz blanca incidente se percibirá únicamente el azul. Las operaciones ahora son las siguientes:

$$C \cdot M = A$$

$$C \cdot Am = V$$

$$M \cdot Am = R$$

El caso extremo se consigue cuando se mezclan el cian, el magenta y el amarillo, resultado que absorbe los tres colores primarios produciendo negro, es decir, $C \cdot M \cdot Am = N$. Esto quiere decir que jugando con los colores básicos C, M y Am, se consiguen el resto de los colores. Esos son colores primarios de un estuche de lapiceros.

Antiguamente no era fácil conseguir lápices de color cian o magenta, por lo que se sustituía el cian por azul y el magenta por rojo en la tríada primaria. Los resultados son así peores, pues la operación · anterior produce resultados menos vistosos. Hoy día, la riqueza de pigmentos es mayor. Por ejemplo, uno no tiene más que ver los cartuchos de una impresora de color para comprobar que juegan con la buena tríada C, M y Am.

En resumen, si consideramos el conjunto de colores {N, B, R, V, A, C, M, Am}, hemos definido dos operaciones, + y ·, cuyas tablas son las siguientes:

+	N	B	R	V	A	C	M	Am
N	N	B	R	V	A	C	M	Am
B	B	B	B	B	B	B	B	B
R	R	B	R	Am	M	B	M	Am
V	V	B	Am	V	C	C	B	Am
A	A	B	M	C	A	C	M	B
C	C	B	B	C	C	C	B	B
M	M	B	M	B	M	B	M	B
Am	Am	B	Am	Am	B	B	B	Am

·	B	N	C	M	Am	R	V
B	B	N	C	M	Am	R	V
N	N	N	N	N	N	N	N
C	C	N	C	A	V	N	V
M	M	N	A	M	R	R	N
Am	Am	N	V	R	Am	R	V
R	R	N	N	R	R	R	N
V	V	N	V	N	V	N	V
A	A	N	A	A	N	N	N

Estas operaciones, en el argot algebraico, satisfacen las propiedades asociativa, distributiva y conmutativa. Más aún, este conjunto cromático de ocho elementos tiene estructura de *semianillo*. El lector no tiene por qué estar familiarizado con estos nombres técnicos, pero sí es interesante indicar que este semianillo aparece en otros contextos completamente diferentes, como los grafos, los códigos, etc. Es siempre sorprendente comprobar que construcciones matemáticas provenientes de campos muy alejados pueden compartir, cuando se profundiza, una misma estructura interna.

Geometría del color

La construcción por medio de colores primarios que hemos esbozado en el apartado anterior no es suficiente para reproducir toda la capacidad perceptiva del ojo humano. Incluso si se aceptan los matices resultantes de mezclar los colores primarios en proporciones diversas, a un pintor le puede pasar que quiera incluir en un cuadro un color imposible de reconstruir con los pigmentos esenciales que tiene su paleta. Esta observación ya fue constatada por Maxwell, el padre del electromagnetismo, en el siglo XIX.

Veamos en qué se basa. Para ello, vamos a dar tres coordenadas a cada color de la siguiente forma.

Como el color es el resultado de la impresión de los conos de la retina, dado un rayo de luz (posiblemente compuesto por multitud de frecuencias distintas), llamemos I_C, I_M, e I_L a las respuestas que dan cada uno de los conos C, M y L ante esa luz[14].

Por ejemplo, si vamos a la Figura 8.1, vemos que una frecuencia pura de 600 THz estimula prácticamente lo mismo a los conos C y L, mientras que el cono M se estimula aproximadamente un 80 % más. Asignamos a esta luz las coordenadas

$$(I_C, I_M, I_L) = (1; 1{,}8; 1).$$

De hecho, también podríamos haber considerado (2; 3,6; 2) o (0,5; 0,9; 0,5). Cualquier (r; $r \times 1{,}8$; r), siendo r un número real positivo arbitrario, es el mismo color, simplemente se diferencian en el brillo de la luz, aspecto que no vamos a tener en cuenta.

Por esta razón, se normalizan las coordenadas, es decir, se multiplica o se divide convenientemente por el mismo factor a todas de forma que $I_C + I_M + I_L = 1$.

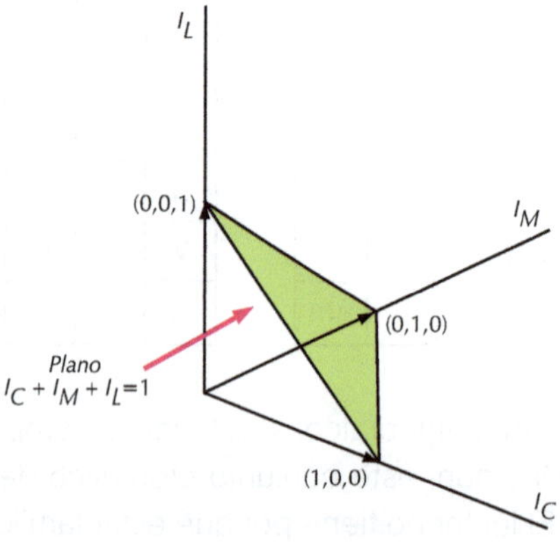

Figura 8.2. *Plano $I_C + I_M + I_L = 1$.*

[14] Para los amantes del cálculo infinitesimal, si las frecuencias v que constituyen la luz que se va a analizar están distribuidas según una función $f(v)$, se tiene que $I_C = \int f(v)\, C(v)\, dv$, integral a lo largo del espectro visible 380-780, siendo $C(v)$ la curva de excitación de los conos C de la Figura 8.1. De forma análoga sucede para I_M e I_L.

Usando conceptos de geometría espacial, esto quiere decir que se trabajará con coordenadas del espacio contenidas en el plano $x + y + z = 1$ de $\mathbf{R}^3$.

Es importante apuntar que dos rayos de frecuencias distintas pueden producir la misma terna de coordenadas (I_C, I_M, I_L). Eso simplemente quiere decir que, aun siendo diferentes, nuestro ojo no puede distinguirlos. Las luces de composición (espectral) distinta pero con igual impresión ocular son denominadas *metámeras*. Igualmente, hay ternas de coordenadas (x, y, z) que nunca son el resultado de la impresión ocular de un rayo de luz. El ejemplo más sencillo es la terna (0, 1, 0), coordenadas que indicaría el imposible hecho físico de un rayo de luz impresionando únicamente a los conos M.

Este hecho es efectivamente imposible, porque como mostraba la Figura 8.1, cualquier rayo excitará en mayor o menor medida a los tres tipos de conos. A pesar de ello, Maxwell le dio a este punto el poético nombre de *verde ideal*. De forma análoga, el *rojo* y el *azul ideal* son los puntos (1, 0, 0) y (0, 0, 1). Si verde ideal va en cursiva, también deberían ir así el rojo y el azul, pienso yo.

Si ahora dibujamos todos los posibles valores de (I_C, I_M, I_L) que son el resultado del estímulo del ojo por cualquier posible rayo de luz, y una vez reducida la terna con la condición $I_C + I_M + I_L = 1$, se obtiene una curiosa forma de lengua, que se muestra en la siguiente figura.

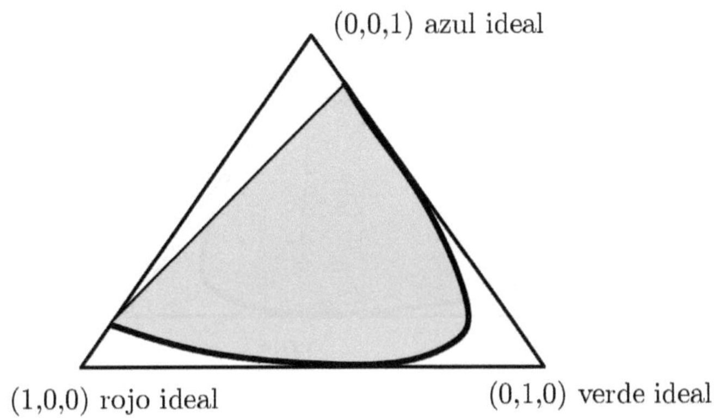

Figura 8.3. *Todos los posibles valores de (I_C, I_M, I_L) con la condición $I_C + I_M + I_L = 1$.*

El borde dibujado en trazo grueso corresponde a las coordenadas (I_C, I_M, I_L) definidas por rayos de luz puros, de una sola frecuencia, que ya dijimos que varía en el espectro visible desde los $380 \cdot 10^{12}$ Hz (correspondiente a la esquina más cercana al rojo ideal) hasta los $780 \cdot 10^{12}$ Hz de la esquina de la lengua cercana al azul ideal. El resto de los puntos, aquellos que están en el interior de la lengua, corresponden a impresiones oculares de rayos con mezclas de frecuencias. Los puntos blancos fuera de la lengua [incluidos los puntos (1; 0; 0), (0; 1; 0) y (0; 0; 1)] corresponden a coordenadas que nunca pueden ser el resultado de la impresión ocular por la luz.

Es importante hacer notar que el conjunto es convexo. Esto quiere decir que, si se toma cualquier par de puntos P_1 y P_2 del mismo, el segmento que determinan está enteramente contenido, de nuevo, en el conjunto. De hecho, los puntos de este segmento son precisamente las posibles tonalidades que se obtienen combinando los colores de los extremos. Las coordenadas de estos puntos tienen la expresión $aP_1 + bP_2$, en donde hay que suponer que $a + b = 1$ para que el segmento siga permaneciendo en el plano $I_C + I_M + I_L = 1$.

Este principio de convexidad es el fundamento del álgebra de colores primarios esbozada en el apartado anterior. Supongamos que se consideran tres colores primarios, que, por comodidad, vamos a considerar de frecuencia pura. Los llamamos rojo, verde y azul, aunque podríamos haber elegido otros posibles colores en la gama rojiza, verde o azulada.

El conjunto de colores que pueden producir es exactamente el triángulo que delimitan. Como se ve en la Figura 8.4, hay colores que se escapan del triángulo. En general, si contamos con una colección $P_1, \ldots, P_n$ de n colores primarios, los colores que podremos producir a partir de ellos son aquellos que están en el interior del polígono convexo que forman $P_1, \ldots, P_n$. Como la figura de lengua no es poligonal, siempre quedarán puntos fuera de dicho polígono. Un pintor, por muy rica que sea su paleta, ¡no podrá nunca reconstruir toda la gama cromática existente!

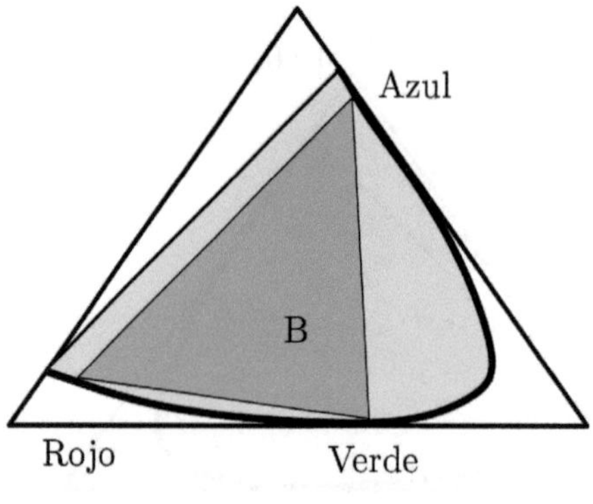

Figura 8.4. *Polígono de colores generados por el verde, el rojo y el azul.*

Mención especial tiene el punto B de la última figura. Es el punto del color blanco. Uno puede preguntarse si corresponde o está cerca de algún punto notable (baricentro, incentro, ...) del triángulo.

Pues bien, eso depende del triángulo que se elija, pues un cambio de los colores primarios escogidos podría incluso dejar fuera del triángulo a B. De cualquier manera, esta observación nos suscita la cuestión de cómo medir la distancia entre dos colores P_1 y P_2. Una respuesta satisfactoria nos abriría, por ejemplo, la posibilidad de decidir si dos tonalidades son objetivamente distintas o cercanas. Una primera construcción, bastante natural por cierto, sería la de utilizar la distancia euclídea $d(P_1, P_2)$

que hay entre los puntos P_1 y P_2. Si las coordenadas de los dos puntos son $P_1 = (l^1_1, l^1_2, l^1_2)$ y $P_2 = (l^2_1, l^2_2, l^2_2)$, esta distancia satisface lo siguiente:

$$d(P_1,P_2)^2 = (l^1_1 - l^2_1)^2 + (l^1_2 - l^2_2)^2 + (l^1_3 - l^2_3)^2$$

Sin embargo, la percepción humana no responde bien a esta distancia, es decir, hay colores que percibimos como muy similares y que, sin embargo, definen una distancia euclídea grande. Esto pasa especialmente en la zona cercana a la punta de la lengua de la Figura 8.3. Ya en 1949 se constató experimentalmente que la distancia de dos puntos próximos debería ser de la forma siguiente:

$$d(P_1, P_2)^2 = C_{11}(l^1_1 - l^2_1)^2 + C_{22}(l^1_2 - l^2_2)^2 + C_{33}(l^1_3 - l^2_3)^2 +$$
$$+ C_{12}(l^1_1 - l^2_1)(l^1_2 - l^2_2) + C_{13}(l^1_1 - l^2_1)(l^1_3 - l^2_3) + C_{23}(l^1_2 - l^2_2)(l^1_3 - l^2_3),$$

para ciertos coeficientes C_{ij} (que vienen a describir la sensación de variación de la coordenada *i* de un color cuando cambiamos su coordenada *j*).

Estos coeficientes han sido determinados explícitamente de forma empírica. Valga decir que expresiones de este estilo para la definición de una distancia de puntos próximos aparecen en otros contextos diversos de la Geometría. Recibe el nombre *métrica riemanniana*, en honor al matemático Bernhard Riemann, que la introdujo en el siglo XIX para el estudio de la difusión del calor en superficies, entre otras muchas cosas.

Lo sorprendente cuando se trabaja con estas exóticas maneras de medir la distancia es que el camino más corto entre dos puntos no tiene por qué ser el segmento recto. Esto no debe inquietarnos, ya que situaciones similares suceden, por ejemplo, cuando se planea sobre un mapa una excursión a la sierra. Puede ocurrir que, si el mapa no muestra la información de la altura por medio de las curvas de nivel, programemos una ruta en línea recta pasando por la cima de una empinada montaña que habrá que subir y bajar. Es claramente más corto (y menos fatigoso) rodear la montaña por sus faldas en un camino aparentemente curvado. Las distancias en un mapa se modelan, de nuevo con una distancia riemanniana. Igualmente, el paseo más corto entre dos colores P_1 y P_2 (la llamada *geodésica* entre P_1 y P_2) tiene aspecto curvo.

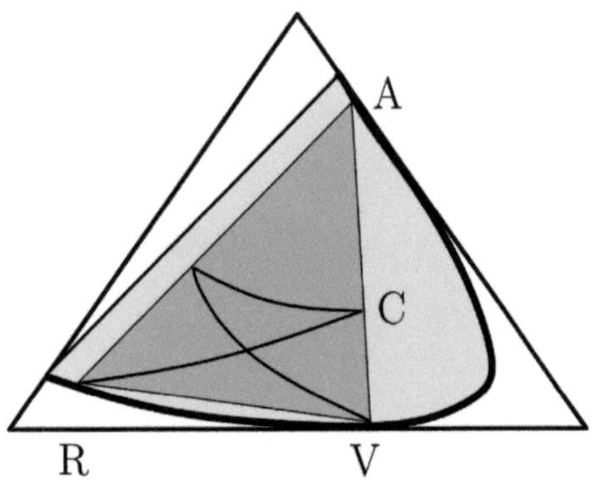

Figura 8.5. *Ejemplos de geodésicas entre colores.*

A modo de ejemplo, en la Figura 8.5 se bosquejan algunas geodésicas entre colores. Parece ser que algunas combinaciones agradables de varios colores están situadas a lo largo de geodésicas, dato que conocen los diseñadores gráficos de algunos programas informáticos. Y como colofón, afirmar que la distancia entre el rojo, R, y el cian, C, es mayor que entre el rojo y el verde, V. ¿Está el lector de acuerdo? La discusión, como decíamos en la introducción, está servida.

Lecturas recomendadas, y más...

[1] Brown, W. R. T. y MacAdam, D. L.: "Visual Sensitivities to Combined Chromaticity and Luminance Differences", *Journal of the Optical Society of America*, 39, n.º 10, 1949.

[2] Comisión Internacional de la Iluminación CIE (Commission Internationale de l'Éclairage). Disponible en http://cie.co.at.

[3] González, H.: "Apuntes sobre posibilidades de la teoría del color en matemáticas", *Uno: Revista de didáctica de las matemáticas*, 40, 2005.

[4] Handprint, *Color vision*. Disponible en http://www.handprint.com/LS/CVS/color.html.

[5] Jain, A. K.: "Color distance and geodesics in color 3-space", *Journal of the Optical Society of America*, 62, n.º 11, 1972.

[6] Orton, W. R.: "The Mathematics of Color Mixing", *The Mathematics Teacher*, 69, n.º 3, 1976. Disponible en http://www.jstor.org/stable/27960429.

Capítulo nueve

Las regletas olvidadas

Nelo Maestre

Aunque parecía que había viajado al pasado, olía a nuevo. Allá donde mirase descubría, bajo una tenue luz, lo que parecía ser un tesoro celosamente escondido durante años y que por fin podía ser contemplado.

Entre grandes bloques de piedra medievales se encontraba una vitrina que contenía unos discos dorados que llamaron enseguida mi atención. Nunca me imaginé que los astrolabios que se usaban en la Antigüedad fuesen tan grandes. Calculo que el mayor de ellos tendría unos 60 centímetros de diámetro. Te asombrarían la multitud de líneas grabadas en su superficie dibujando cientos de estrellas y, en algún caso, hasta las formas de los animales y seres mitológicos que los antiguos griegos veían en cada constelación.

Imaginando el trabajo del artesano que construyó aquellas piezas, tardé en darme cuenta de que, a mi izquierda, la gente se arremolinaba observando el otro extremo de la vitrina.

Me acerqué curioso. El cartel que acompañaba a la pieza no parecía otorgarle mucha importancia: "Ábaco Neperiano del siglo XVII". Sin embargo, se trata de una de las piezas más destacadas del nuevo Museo Arqueológico Nacional.

El objeto en sí es un pequeño armario de madera oscura de palosanto, del tamaño de una caja de zapatos. Tiene los bordes cubiertos de latón y está decorado con incrustaciones de marfil. Cuando lo vi, se encontraba con las puertas abiertas, revelando parte de su interior: tres columnas de cajones de madera con el frente de marfil, cada uno etiquetado con un par de números.

Dos de ellos estaban parcialmente abiertos y, fijándome un poco, pude ver que ambos contenían unas regletas de marfil, unas repletas de números y otras perforadas con agujeros triangulares. Parecía como si alguien hubiese querido dejarnos en aquel objeto un mensaje codificado, como si al combinar aquellas extrañas piezas de alguna forma determinada se nos fuese a revelar el emplazamiento de un tesoro escondido.

Para completar el aspecto misterioso, el armario tiene en la parte superior una especie de compartimento secreto al que se accede deslizando una tapa. De este escondite podemos sacar otra pequeña caja, del tamaño de una cajetilla de cigarrillos, llena de un centenar de piezas en forma de prismas alargados aún más pequeños que las regletas, pero también de marfil, que en este caso tienen grabados números por todas sus caras.

"*¿Cómo funcionaría esto?*" es la pregunta que oía formularse una y otra vez a las personas que me rodeaban. Y es que el término "misterio" se queda corto para describir la emoción que transmite la contemplación de esta pieza.

Se desconoce el autor y el origen del armario, aunque sí sabemos que se conservaba en la Biblioteca Nacional de Madrid y que llegó allí desde Palacio. Tampoco sabemos quién fue el artesano que elaboró las regletas, pero sí podemos afirmar de dónde proviene la idea y cómo se utilizan.

Las piezas de marfil son un conjunto de ingeniosos sistemas de cálculo diseñados por el matemático John Napier, y publicados por primera vez en su obra póstuma *Rabdologiae, seu Numerationis per virgulas libri duo: Cum Appendice de Expeditissimo Multiplicationis Promptuario. Quibus accessit et Arithmeticae Localis Liber unus.* Las piezas más pequeñas con forma de prismas alargados se denominan *huesos de Napier*, y son una herramienta que fue muy popular en toda Europa hasta el siglo XVIII. Las pequeñas regletas con agujeros triangulares constituyen lo que se denomina como *ábaco promptuario* y son, nada más y nada menos, la única copia completa y antigua que se conoce en el mundo de un conjunto de piezas de este tipo.

Era de esperar que Martin Gardner se hubiese fijado en algún momento en un objeto matemático tan curioso como este, y de hecho así fue. No sabemos si Gardner llegó a conocer la existencia de la pieza que se muestra en el museo, pero estoy convencido de que, de haberla visto, se habría quedado absorto contemplándola. Lo que sí hizo fue dedicar, en abril de 1973, su columna "Mathematical Games" de *Scientific American* a estos ingeniosos sistemas de cálculo, inventados por el que pasaría a ser uno de los matemáticos escoceses más importantes de todos los tiempos, y al que se conoce como...

The Marvellous Merchiston

John Napier nació en 1550 en el castillo de Merchiston, situado en lo que actualmente conocemos como Edimburgo, en Escocia. Se puede encontrar referencias a él con los nombres de *Jhone Neper*, *Ioannes Neperus*, *Nepero* y más tarde en distintos textos europeos como *Napeir*, *Nepair*, *Nepeir*, *Napare*, *Naper*, *Naipper*, etc. La única forma que sabemos que no se utilizó durante su vida es, curiosamente, la que usamos en la actualidad: "Napier".

En 1549, cuando solo tenía 16 años, su padre, Archibald Napier, séptimo laird de Merchiston, se casó con Janet Bothwell, de 15 años de edad, hija de un miembro del Parlamento y hermana del obispo de Orkney, y al año siguiente nació su hijo John. Hijo de buena familia, Napier no necesitó aprender un oficio para poder sobrevivir. Como solía ocurrir en la época, Napier fue educado en casa hasta que cumplió los 13 años y fue enviado a la Universidad de St Andrews. Allí fue donde tomó contacto por primera vez con la Teología, el Latín y las Matemáticas. La madre de Napier murió a los 29 años, poco después de que él ingresase en la universidad, y su padre se casó de nuevo, dándole 10 hermanos más a Napier.

No hay ninguna evidencia de que Napier estudiase en otro país de Europa, aunque se sospecha que pasó algún tiempo en la Universidad de París, y posiblemente en Italia, Alemania y los Países Bajos.

En 1571 Napier volvió a Edimburgo, pero ciertas tensiones político-militares le impidieron vivir de nuevo en el castillo de Merchiston, así que se instaló en otra de las propiedades familiares en Gartness, en el condado de Stirling. Allí conoció a su primera mujer, con la que se casó en 1572, y mandó construir un castillo para vivir con ella, que se completó en 1574. Más tarde, sobre el año 1608, volvería a vivir al castillo de Merchiston donde había nacido.

Encerrado plácidamente en sus castillos, Napier dedicaba las horas al conocimiento y la invención. Durante esa época investigó en distintos métodos para mejorar la producción de sus cultivos y ganados. Probó diferentes tipos de abonos para la tierra, para conseguir cosechas más abundantes y métodos que hiciesen más barato el trabajo en el campo. También ideó máquinas para sacar el agua de campos anegados y sistemas para medir mejor las tierras de cultivo. Todos estos inventos llamaban mucho la atención de sus vecinos, y le hicieron más tarde ganarse el título de "Marvellous Merchiston" (*la maravilla de Merchiston*) por el que era bien conocido en la zona.

No bastándole todo ello, cultivó otros muchos intereses: una de sus fijaciones consistió en calcular la fecha exacta del Apocalipsis. Publicó un libro titulado *A Plaine Discovery of the Whole Revelation of St. John* (Los sencillos descubrimientos de la completa revelación de san Juan), donde explicaba cómo el papa Jaime VI era *el Anticristo*, y el fin de los tiempos llegaría entre 1688 y 1700. Este escrito se popularizó por toda Europa y se tradujo a varios idiomas. Napier siempre tuvo la sensación de que esta fue su obra maestra y que gracias a ella ganó toda su fama y reputación.

Europa vivía en aquellos años una época muy convulsa. La fuerte tensión entre los protestantes y los católicos desató diferentes guerras, entre ellas la guerra anglo-española. Felipe II tenía el fuerte propósito de sentar a María Estuardo en el trono de Inglaterra y así acabar con la herejía. Muchos científicos dedicaron sus esfuerzos a investigar en el desarrollo de nuevas armas para defenderse de la invasión católica de España. Napier, de fuertes convicciones calvinistas, no pudo dejar de lado estas cuestiones, y publicó un libro que se titularía *Secrett Inventionis, proffitabill and necessary in theis dayes for defence of this Iland, and withstanding of strangers, enemies of God's truth and religion,* (Secretas invenciones, ventajosas y necesarias en estos días para la defensa de esta Isla, y la defensa de extranjeros, enemigos de la religión y de la verdad de Dios), donde proponía tres destructivos inventos. Se pueden ver más detalles sobre estos inventos en el capítulo que Martin Gardner dedica a los huesos de Napier en su libro *Rosquillas anudadas* [1].

Los números artificiales

Sin duda el interés de Napier que más repercusión tuvo para la historia de la ciencia fue el que mostró por la Astronomía. Por suerte, su curiosidad iba mucho más allá de la de un simple observador de estrellas, y a menudo debía enfrentarse a complicados cálculos con números muy grandes. En aquellos momentos Napier se planteó que debía existir alguna manera de realizar todas esas operaciones de una forma más sencilla, y así fue como llegó al concepto que le haría pasar a la historia: **los logaritmos**.

Con esta herramienta todos los cálculos se simplificaban, pues las multiplicaciones se convertían en sumas y las potencias en multiplicaciones. Sin los logaritmos, los descubrimientos de Galileo Galilei, Johannes Kepler o Isaac Newton se habrían retrasado años o quizá no habrían llegado a producirse jamás.

Aunque el descubrimiento de los logaritmos se atribuye directamente a Napier, es justo referir que gran parte del trabajo lo llevó a cabo Henry Briggs (1561-1630), un matemático desconocido incluso para los de su gremio. Mientras Briggs vivía enfrascado en sus estudios astronómicos, cayó en sus manos la primera obra de Napier sobre el tema: *Mirifici Logarithmorum Canonis Descriptio* (Una descripción de la maravillosa regla de los logaritmos), publicada en 1614.

El texto suscitó en Briggs suficiente interés como para dejar de lado la Astronomía, y dedicar la mayor parte de su tiempo a mejorar la nueva herramienta que se describía en el tratado. Acabó viajando en dos ocasiones hasta Edimburgo, lo que en aquella época suponía cuatro días a caballo, para discutir sus ideas con Napier en persona.

Cuentan que la primera vez que se vieron en el castillo de Merchiston ambos hombres permanecieron admirándose mutuamente durante 15 minutos sin decir palabra. En este primer viaje, Briggs permaneció en el castillo durante un mes, convenciendo a Napier de la idoneidad de la base 10 para el cálculo de logaritmos en el sistema decimal, a los que se denominó logaritmos en *base vulgar*. Los logaritmos que hoy día son conocidos como *neperianos* o logaritmos en *base natural* (en base *e*) fueron los transformados por Briggs de los antiguos de Napier, en los que el logaritmo de 1 no era igual a 0, y ni siquiera había una base como tal.

Napier murió el 3 de abril de 1617 y fue enterrado en Edimburgo. Haciendo honor a su fama de mago y nigromante, aún nos depararía un par de sorpresas más que nos llegarían de forma póstuma. Algunos años después de su muerte, se publicó *Mirifici Logarithmorum Canonis Constructio* (Una construcción de la maravillosa regla de los logaritmos), que Napier había escrito antes que la *Descriptio* pero fue publicado por uno de sus hijos en 1619. Como curiosidad, en este libro aún no había ideado el término *logaritmo* y se refería a estos valores como *números artificiales*.

Pero es poco después de morir cuando se publica su obra *Rabdologiae*, donde se recogen los auténticos secretos de sus métodos de cálculo, con los que desarrolla las tablas de logaritmos que incluye en sus libros anteriores. En la introducción de dicho texto, Napier nos cuenta que cuando se enfrentó a calcular dichas tablas se dio cuenta de lo tedioso que era realizar las operaciones aritméticas necesarias con números muy grandes, y lo fácil que era equivocarse.

Para simplificar su trabajo inventó varios sistemas que le facilitaron el cálculo de multiplicaciones, divisiones e incluso la extracción de raíces cuadradas y cúbicas. Finalmente decidió publicar sus métodos animado por muchos de sus amigos, los cuales habían quedado tan impresionados por las regletas numeradas que decidieron comenzar a trabajar con ellas, extendiendo así su uso a otros países.

Como dato curioso, uno de los retos que le quedó pendiente a Napier, y que resalta su afición por los temas ocultistas, fue llevar a término el contrato que firmó con Robert Logan, cuyo original escrito a mano por el propio Napier aún se conserva. En él se compromete a localizar un tesoro enterrado, que supuestamente se hallaba escondido en la fortaleza que Logan poseía en Fastcastle, o a demostrar que dicho tesoro no existía. Quizá más allá del tesoro que supone en sí misma la herramienta de los logaritmos, aún nos quede por entender algún mensaje oculto en sus regletas que nos ayude a encontrar un *tesoro* en el sentido más literal de la palabra.

Las regletas olvidadas

En sus artículos de 1973, Gardner estudia con cierto detalle el primero y el tercero de los métodos que Napier explicó en su obra *Rabdologiae*, y deja de lado el segundo método que considera complicado y poco práctico. Veremos aquí las peculiaridades de este método, que no siendo tan versátil como el primero sí tiene bastante interés por lo ingenioso del sistema utilizado. Se puede consultar los detalles de los otros métodos en [1].

El método que Napier relata en el apéndice primero de su libro es quizá el más complejo de fabricación, y solo es útil para realizar multiplicaciones, mientras que los clásicos *huesos de Napier* nos sirven también para dividir y para calcular raíces. Sin embargo, es mucho más potente que los otros métodos para ser aplicado a la multiplicación, pues permite multiplicar dos números de varios dígitos en una sola operación. Esto a simple vista no parece un gran avance, pero si tenemos en cuenta las escasas herramientas de las que disponían los científicos de la época, en la que, para que nos hagamos una idea, aún no se había popularizado ni siquiera el uso del lápiz, cualquier facilidad en el cálculo podía acortar enormemente los tiempos de trabajo.

El sistema es una adaptación de un método árabe muy antiguo que se usaba para multiplicar, conocido actualmente como *método de la celosía.* Podemos ver cómo funcionaba este método rápidamente con un ejemplo (ver Figura 9.1).

Supongamos que queremos multiplicar 325 por 47, primero necesitamos hacer una cuadrícula de 3 cuadrados de ancho, tantos como los dígitos del primero de los números, por 2 de alto, tantos como los dígitos del segundo número, y dividir cada cuadrado por la diagonal. Colocamos los números 3, 2 y 5 en las columnas y los números 4 y 7 en las filas como se ve en la Figura 9.1.

Ahora en cada cuadrado escribimos el resultado de multiplicar el número que indica su columna por el que indica su fila, colocando sobre la diagonal la cifra de las decenas y bajo la diagonal la de las unidades. Una vez hecho esto con todos los cuadrados, tenemos que sumar todos los números que aparecen entre cada par de diagonales "largas", es decir, la cifra de las decenas de un cuadrado con la de las unidades del que está justo encima, y así sucesivamente. Si el total pasa de 9, se apunta la cifra de unidades de dicho número y se arrastran las decenas para sumarlas al total de la siguiente "columna oblicua". El número que así resulta es precisamente el producto de 325 por 47, 15 275.

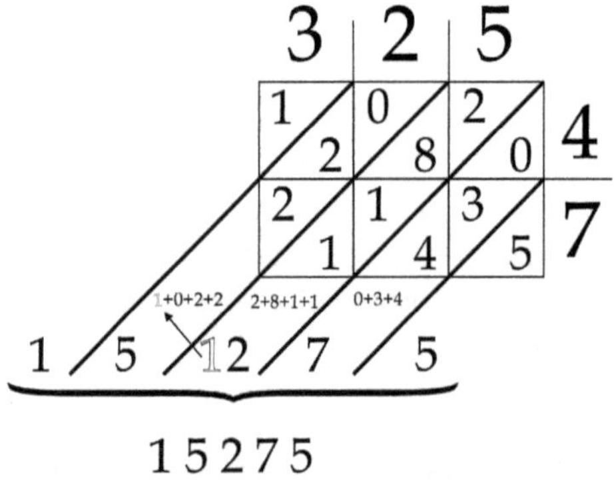

Figura 9.1. *Método de la celosía.*

Una vez entendida la semilla de la idea, analicemos el ábaco promptuario.

Para empezar necesitamos dos grupos de regletas o tablillas: el primero de los grupos está formado por una colección de regletas como la de la izquierda en la Figura 9.2. Cada una tiene un rectángulo en la parte superior, en el que figura el número para el que se usará esa regleta, y debajo de él una colección de cuadrados, divididos en dos por una diagonal de una forma similar a la de la celosía, y con una cifra escrita en cada triángulo. Las llamaremos *regletas de números.*

El segundo grupo, a la derecha en la Figura 9.2, está formado por regletas de un tamaño y una forma similares a los de las anteriores, con un número indicador en un rectángulo superior, y debajo una colección de triángulos perforados a través de la regleta (sombreados en la imagen). Este tipo de regletas serán las *regletas de agujeros.*

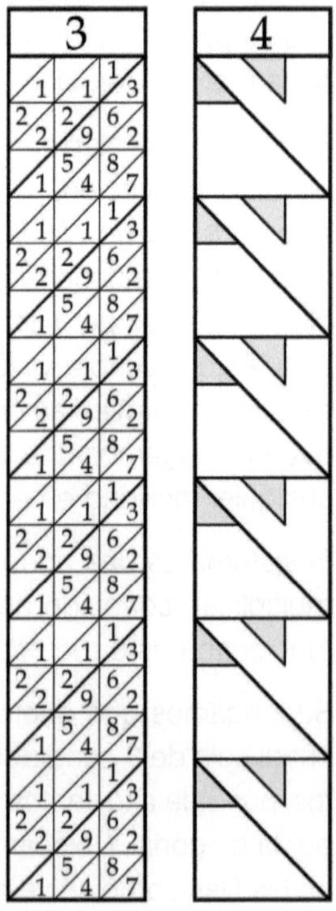

Figura 9.2. *Regleta de números y regleta de agujeros.*

En el diseño original, Napier sugiere que las *regletas de números* tengan aproximadamente 5 milímetros de grosor y las *regletas de agujeros* tengan 2,5. (Estas medidas coinciden con las del ábaco del Museo Arqueológico Nacional). Además, sugiere que las *regletas de números* sean utilizadas por las dos caras, teniendo en cada una los valores correspondientes a una cifra diferente.

Para multiplicar 325 por 47, como en el ejemplo anterior, necesitamos *regletas de números* con los índices 3, 2 y 5 y *regletas de agujeros* para los números 4 y 7, y buscamos una disposición similar a la de la celosía, de forma que en la parte superior se pueda leer "325" y en la parte derecha se pueda leer "47" (ver Figura 9.3).

En esta disposición, las *regletas de agujeros* solo nos dejan ver unos valores concretos de las *regletas de números*, precisamente los valores de la multiplicación del índice de cada fila por el de cada columna, de forma que por encima de la diagonal principal queda visible la cifra de las decenas y por debajo la cifra de las unidades. Para completar el resultado final solo necesitamos ir sumando los valores de cada "columna oblicua" como hicimos en el caso de la celosía, arrastrando las que "me llevo" en caso de pasar de 9, y llegamos rápidamente al número buscado.

(En el proceso de construcción de las regletas generalmente no se grababan los ceros, para simplificar la fabricación, dejando simplemente el triángulo en blanco. Sin embargo, en la figura hemos reflejado algunos para facilitar la comprensión).

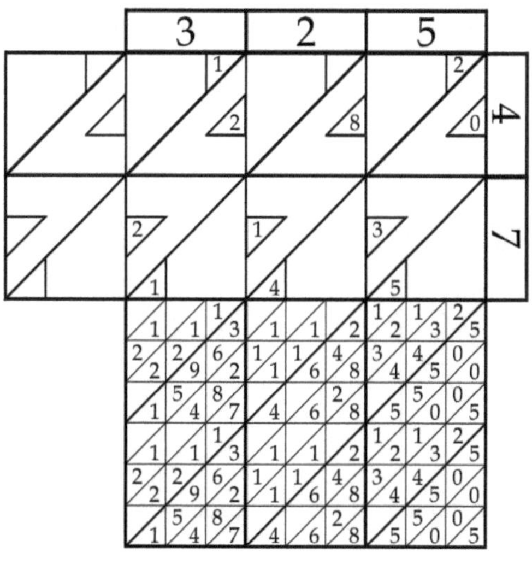

Figura 9.3. *Multiplicar con las regletas.*

De esta forma la multiplicación de números de varias cifras se facilitaba, y se reducían las posibilidades de cometer errores.

El ábaco neperiano del Museo Arqueológico consta de aproximadamente doscientas regletas, cien *regletas de agujeros* (diez de cada número, incluyendo diez para el cero, las cuales no tienen ningún agujero) y otras cien *regletas de números* (veinte para cada número, pues están impresas por las dos caras con valores de números distintos).

Veamos ahora cómo se construye cada tipo de regleta. Lo primero que podemos observar, si volvemos a revisar la Figura 9.2, es que las *regletas de números* se componen de un bloque de nueve cuadrados (3 × 3) que se repite una y otra vez hacia abajo en la regleta y un rectángulo inicial cuya única función es mostrarnos el "índice" de esa regleta. Lo mismo ocurre en la *regleta de agujeros*: en cada bloque 3 × 3 han sido agujereados los dos triángulos necesarios para mostrar el resultado.

¿Cuántas veces se tiene que repetir cada bloque 3 × 3? La respuesta es que, si se repiten, por ejemplo, cinco veces, podremos multiplicar números de cinco cifras por números de cinco cifras en una sola operación. En el caso de las regletas del ábaco del Museo Arqueológico, cada una tiene el bloque repetido diez veces. Además en la mitad de las regletas del museo, el rectángulo con el índice no se sitúa en la parte superior de la regleta sino en la inferior, de forma que se podrían juntar dos *regletas de números* creando regletas de hasta veinte bloques de altura. Esto permitiría calcular productos de números de veinte cifras por números de diez cifras, lo que convierte a este ábaco en una herramienta con una potencia de cálculo muy elevada para su época.

Las *regletas de números* reflejan los valores de la "tabla de multiplicar" del número al que corresponden, pero siempre separando sus dígitos, las decenas encima de la diagonal y las unidades en la parte inferior. Para un número cualquiera *N*, el bloque de 3 × 3 cuadrados quedaría como se muestra en la Figura 9.4.

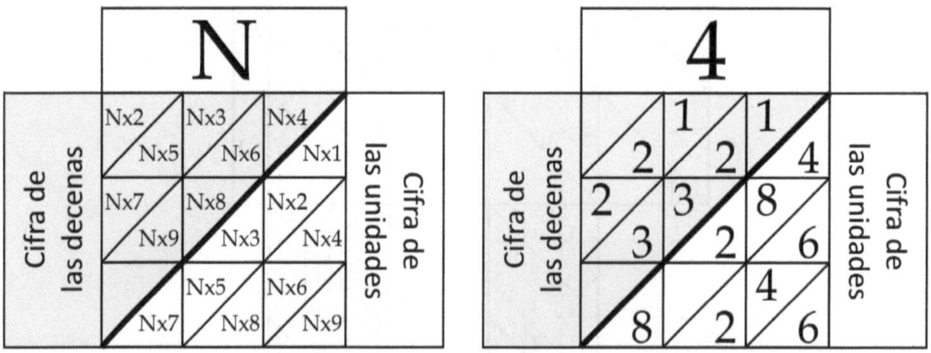

Figura 9.4. *Regletas para un número N arbitrario (izquierda) y para N = 4 (derecha).*

En la construcción de las *regletas de agujeros* lo que se debe buscar, por tanto, es que al superponer una de ellas a una de las *regletas de números*, deje ver solo el valor correspondiente de la "tabla de multiplicar"; así por ejemplo la *regleta de agujeros* del número 7 únicamente nos dejará ver la cifra de las decenas y la cifra de las unidades de N × 7. Hay que tener en cuenta que las *regletas de agujeros* se superponen en dirección perpendicular a las *regletas de números*, y por ello la orientación de las diagonales debe ser la contraria.

En la Figura 9.5 se muestra qué triángulos se tienen que perforar para cada número distinto de las *regletas de agujeros*: para la *regleta de agujeros* del número 4 se eliminan los dos triángulos con el número 4; para la regleta del número 7 se recortan los dos que tienen un 7; y así, sucesivamente, con cada número.

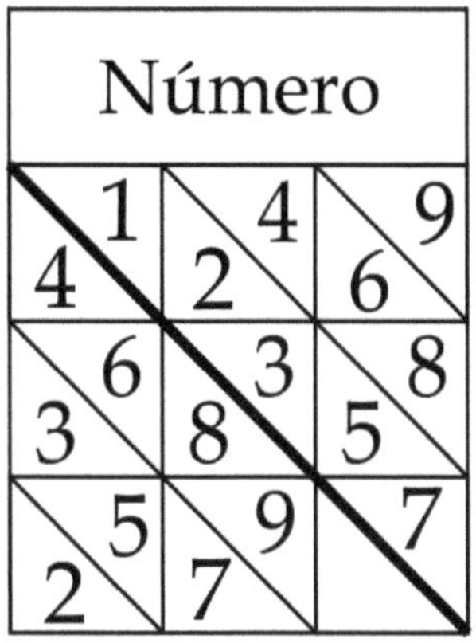

Figura 9.5. *Cómo construir una regleta de agujeros.*

Una buena opción, si quieres evitarte el esfuerzo de recortar multitud de pequeños triángulos, es imprimir las regletas de agujeros sobre transparencias, utilizando el color negro para el cuerpo principal y dejando transparentes los agujeros propiamente dichos[15].

Nos surge una pregunta: ¿podrían haberse elegido los agujeros de la *regleta de agujeros* de forma que se pudiesen usar por las dos caras, al igual que las *regletas de números*? Piénsalo un segundo. Antes de acabar el presente capítulo, te daremos la solución.

El principio de todo

Aquella tarde en el museo, mientras miraba a través del cristal e intentaba comprender cómo funcionaban aquellas regletas olvidadas, un niño se acercó junto al que parecía ser su abuelo. El anciano leyó en voz alta la información adjunta a la pieza: *"Mira Jorge, esto es lo que utilizaban hace muchos años para hacer las cuentas que hoy haces con el ordenador".*

Esa sencilla afirmación me hizo sonreír. Y es que, a veces, se nos olvida que para construir los primeros ordenadores hicieron falta las *reglas de cálculo*, y para diseñar estas necesitábamos las *tablas de logaritmos*, y Napier y Briggs no podrían haber calculado con precisión las primeras tablas de logaritmos sin unas herramientas tan aparentemente rudimentarias como las que tenía ante mis ojos.

15 Ahora ya sabes cómo construir tus regletas, aunque si prefieres ahorrarte el trabajo puedes descargar un modelo en PDF, listo para imprimir, de http://blog.divermates.es/abaco-neperiano.

Ahora que se conmemoran el centésimo aniversario del nacimiento de Martin Gardner, y los cuatrocientos años de la aparición del tratado con el que Napier dio a conocer al mundo la gran herramienta que había inventado, parece un buen momento para agradecer a ambos la repercusión que ha tenido en nuestras vidas su afición común por encontrar soluciones a problemas, y explicar esas soluciones de forma que todos los demás pudiésemos entenderlas y aplicarlas.

Pierre-Simon Laplace dijo en cierta ocasión: *"Con la reducción del trabajo de varios meses de cálculo a unos pocos días, el invento de los logaritmos parece haber duplicado la vida de los astrónomos"*.

Y creo que, gracias al invento de Napier, la capacidad de amortizar nuestro tiempo de vida se ha multiplicado, seguramente no por dos, sino por un número de muchas más cifras.

Solución a la pregunta

¿Podrían haberse elegido los agujeros de la regleta de agujeros, de forma que se pudiesen usar por las dos caras, al igual que las regletas de números?

En ningún caso se podría usar la *regleta de agujeros* por las dos caras, pues al voltear esta regleta la orientación de la diagonal se invierte, de forma que no quedarían enfrentados sus agujeros triangulares a los triángulos de las *regletas de números*. Sí que se podría, sin embargo, utilizar un número distinto como índice en cada extremo de la *regleta de agujeros*, de manera que sirviese para dos índices diferentes girando la regleta 180° sin levantarla de la mesa. Dejamos este nuevo desafío para tu propia curiosidad.

Lecturas recomendadas, y más...

[1] Gardner, M.: *Rosquillas anudadas.* RBA, 2005.

[2] Ibáñez, R.: *Los huesos de Napier, la multiplicación árabe y tú*, 2016. Disponible en http://culturacientifica.com/2016/10/05/los-huesos-napier-la-multiplicacion-arabe/.

[3] Lucas, E.: *Recreaciones matemáticas*, vol. 3. Nivola, 2007.

[4] Napier, M.: *Memoirs of John Napier of Merchiston, his lineage, life, and times, with a history of the invention of logarithms.* Edimburgo, 1834. Disponible en https://archive.org/details/memoirsofjohnnap00napi.

[5] O'Connor, J. J. y Robertson, E. F.: *John Napier,* 1998. Disponible en http://www-history.mcs.st-and.ac.uk/Biographies/Napier.html.

[6] O'Connor, J. J. y Robertson, E. F.: *Henry Briggs*, 1999. Disponible en http://www-history.mcs.st-and.ac.uk/Biographies/Briggs.html.

[7] Requena Fraile, Á.: *Una joya de la corona: El ábaco Neperiano.* Disponible en https://mateturismo.files.wordpress.com/2014/04/2001-joya-c3a1baco-neperiano.pdf.

Capítulo diez

Escher y Gardner visitan la galería de grabados

Bartolo Luque

> *Manteniendo alerta mi mirada frente a los enigmas del mundo, si bien interesado en su plasmación sensible, entro en contacto, en cierto modo, con el dominio de las matemáticas. Aunque no dispongo de una formación en ciencias exactas, ni de conocimientos especializados, a menudo me siento más próximo a los matemáticos que a los colegas de mi profesión.*
>
> **M. C. Escher**

Maurits Cornelis Escher (1898-1972) es hoy el artista más célebre entre el público matemático. Cintas de Moebius, sólidos platónicos, espacios hiperbólicos, figuras y perspectivas imposibles, *teselados* fantásticos... sus famosos grabados y litografías ilustran los más variopintos libros de ciencia. La obra de Escher comenzó a conocerse en Estados Unidos a partir de 1951 gracias a sendos artículos en las revistas *Time* y *Life*, pero el momento en el que su obra se hizo tremendamente popular fue en 1966, cuando Martin Gardner dedicó al maestro una de sus columnas de "Juegos matemáticos" en *Scientific American*.

Escher no conoció a Gardner por su famosa columna, sino por una recomendación del matemático Coxeter sobre su libro *Alicia anotada*. A raíz de la popularización que Gardner hizo de uno de los trabajos de Coxeter, para el que solicitó a Escher la reproducción de una de sus obras, el contacto entre ambos genios se convirtió en una relación duradera.

Galería de grabados

Como sucede en la literatura de Borges o en la música de Bach, en la vasta obra de Escher abundan las ideas asociadas con el infinito y la autorreferencia. Aunque no lo parezca a primera vista, estos temas son protagonistas de la litografía *Prententen-toonstelling* ("Galería de grabados") que el maestro realizó en 1956.

Observa con cuidado esta obra. En la parte inferior derecha, vemos el arco de entrada a la galería de una exposición de cuadros. Desplazando nuestra mirada hacia la izquierda podemos contar dos arcos acristalados completos y una parte de otro, muy distorsionado, a través del cual vemos a un muchacho. Pasemos al interior de la galería. Si caminamos hacia la izquierda, reconoceremos en las paredes algunos motivos muy usados por Escher e incluso una de sus obras completas, la que se encuentra justo a la altura de la cintura del muchacho: "Tres esferas". Casualmente, Gardner decidió acabar su artículo "El arte de M. C. Escher" con esta obra. Estas son sus palabras: "El grabado en madera *Tres esferas,* una de cuyas copias se exhibe en el Museo de Arte Moderno de Nueva York, parece a primera vista una esfera sometida a un aplastamiento topológico progresivo. Pero si se mira con más atención se verá que es algo muy diferente. ¿Averigua el lector lo que Escher, con gran verosimilitud, ha representado aquí?".

Figura 10.1. *Galería de grabados de Escher.*

Y responde: "*Tres esferas* es una representación de tres discos planos pintados cada uno de forma que simule una esfera. El disco de abajo está colocado horizontalmente sobre una mesa. El del centro está doblado en ángulo recto a lo largo de un diámetro. El superior está puesto verticalmente sobre la parte horizontal del disco del medio. La pista la dan la línea de pliegue del disco central y el idéntico sombreado de las tres pseudoesferas".

Sigamos con nuestra visita a la galería y acompañemos al muchacho. Con la cabeza ligeramente inclinada, de un modo que nos invita a fijarnos en el punto hacia el que dirige su mirada, el chico observa atentamente un grabado. En él podemos ver un barco en un puerto, que según los estudiosos de la obra de Escher, es el de Senglea, en Malta. Si descendemos con nuestra vista a tierra, una ciudad se levanta ante nosotros. Al recorrerla sentimos un efecto extraño: ¡en el propio grabado aparece representada la galería desde la que estamos observándolo!

Cuando se le preguntó a Escher qué efecto quería conseguir con esta obra, respondió: "Lo que yo traté de representar era solamente una superficie que se hincha, de forma anular, sin principio ni fin". Afortunadamente disponemos de los bocetos originales que usó Escher para crear esta obra (el lector puede disponer de ellos gracias al libro *El espejo mágico de M. C. Escher*, de Bruno Ernst, amigo y biógrafo de Escher). En ellos se aprecia la galería antes de ser dilatada y retorcida. Escher pintó y cuadriculó esta primera versión *realista*. Después dibujó una retícula distorsionada que se "inflaba", desde el borde inferior derecho, a medida que giraba en el sentido de las agujas del reloj. Con paciencia y habilidad, Escher traspasó cada celda de la versión realista a la celda correspondiente en la versión transformada.

El lector atento se habrá fijado seguramente en la pequeña mancha blanca que se aprecia en el centro de la litografía y quizá se pregunte: ¿cómo es posible rellenar ese hueco y continuar el grabado? No es una pregunta de respuesta fácil; de hecho, es probable que el propio Escher se sintiera técnicamente desbordado ante ella y que decidiera, con astucia, utilizarlo simplemente para firmar. Hace unos pocos años, los matemáticos B. de Smit y H. W. Lenstra Jr., ayudados por la informática, se propusieron rellenar ese hueco. Para ello se hacía necesario recorrer el camino inverso al que siguió Escher, así que se pusieron a buscar las transformaciones matemáticas adecuadas para "rectificar" la litografía de Escher y pasar de la versión "superficie anular que se hincha sin principio ni fin" a la versión "realista" desde la que partió.

Aquí se muestran algunos detalles del primer paso en el proceso de rectificación de la obra. Vemos que el punto ciego del centro de la litografía tiene ahora forma espiral. A la derecha vemos una imagen ampliada del cuadro que mira el muchacho.

Lenstra y su equipo tuvieron que encontrar la forma de rellenar ese hueco espiral y suavizar las imperfecciones de la litografía original manteniendo la continuidad de todo el conjunto.

El paso siguiente sería invertir la transformación que rectificaba la imagen de partida para aplicarla a la imagen "realista" perfeccionada y reconstruir completamente, sin el hueco, la litografía de Escher. Pero, como decía Jack, *el destripador*, vayamos por partes. La primera tenemos que dedicársela al conocido efecto Droste y será mi homenaje particular a Escher y a Gardner.

El efecto Droste

El efecto Droste es, probablemente, una de las formas más elementales y primitivas de recursividad. Este efecto se produce cuando una imagen contiene una réplica de sí misma. Si la réplica es fiel, esta habrá de contener a su vez otra aún más pequeña de ella, y así sucesivamente. El nombre con el que se conoce popularmente este efecto procede de una tradicional marca de chocolates de los Países Bajos.

En la imagen impresa en sus cajas de cacao se ve a una enfermera que porta una bandeja con una caja de cacao Droste idéntica pero en miniatura. En esa minicaja aparece a su vez la enfermera llevando una bandeja..., y así *ad infinitum* (o, por lo menos, hasta donde alcanza la resolución de la imagen). Aunque es posible encontrar en la historia del arte ejemplos muy anteriores del recurso a esta idea, sobre todo en vitrales o manuscritos iluminados, el ámbito donde se ha empleado con más frecuencia ha sido el diseño publicitario moderno.

Ejemplos del efecto Droste en etiquetas publicitarias.

En la caja de cacao Droste, marca que da el nombre al efecto, apreciamos la propia-caja en la bandeja que porta la enfermera. Algo parecido sucede en los envases de la levadura Royal, aunque en este caso el efecto Droste está centrado dando lugar a un efecto de túnel infinito.

Una forma sencilla de conseguir un efecto Droste consiste en enfrentar dos espejos de forma que sean paralelos. Esa es la idea en la que se basa la portada del álbum *Ummagumma* (1969) de Pink Floyd (aunque en este caso se descoloca juguetonamente al observador despistándolo con el cambio de posición de los componentes de la banda en cada minicopia del espejo). Un juego semejante se emplea, por cierto, en el ingenioso cartel de la pelicula *Memento* (2000) de Christopher Nolan.

En la música y el cine se han creado composiciones Droste publicitarias muy ingeniosas.

Desde el punto de vista matemático, el efecto Droste se describe utilizando lo que conocemos como aplicación contractiva f. Bajo el efecto de una transformación de este tipo cada punto (x, y) de la imagen original se convierte en otro punto $f(x, y) = (x', y')$ de la imagen en miniatura.

En este proceso la distancia entre dos puntos cualesquiera disminuye, de hecho, se contrae exponencialmente. Ahora se vuelve a realizar la misma operación, $f(x', y') = (x'', y'')$ sobre los puntos de la copia y se reitera este proceso sobre el resultado obtenido en cada paso. ¿Existe algún punto (x^*, y^*) de la imagen original que permanezca fijo bajo la transformación contractiva f? Es decir, ¿existe un punto (x^*, y^*) tal que $f(x^*, y^*) = (x^*, y^*)$? Sabemos que la respuesta es afirmativa, y que solo existe un único punto de este tipo, gracias al famoso y muy importante teorema del punto fijo de Stefan Banach.

Observemos, además, que $f(x', y') = f(f(x, y)) = f^{(2)}(x, y)$, de modo que para dibujar la n-ésima minicopia basta con aplicar $f^{(n)}$ a los puntos de la imagen original. El lector atento se habrá dado cuenta de que si (x^*, y^*) es un punto fijo de f, también lo será de todas las $f^{(n)}$, así que en una imagen que muestre el efecto Droste, el original y todas las copias reducidas tendrán un punto en común: precisamente aquel que van "acorralando" más y más las sucesivas imágenes contraídas.

Si extiendes en el suelo un mapa de la ciudad o de la región en la que te encuentras en el momento de leer estas líneas, el teorema del punto fijo de Banach te garantiza que existe un punto del mapa que coincide exactamente con un punto real del suelo sobre el que se apoya. Sorprendente, ¿verdad? L. E. J. Brouwer, otro de los padres de estos "teoremas de punto fijo" (de los que hay unas cuantas versiones), comentaba al respecto:

> *Puedo formular este magnífico resultado de esta otra manera, tomo una hoja de papel y la extiendo, luego otra hoja idéntica que primero arrugo y después aliso aplanándola sobre la primera. Un punto de la hoja arrugada queda en el mismo lugar que la otra hoja.*

Imagina ahora que construyes, sobre la mesa del comedor de tu casa, una maqueta realista y detallada de tu vivienda. Estarás usando una aplicación contractiva que asociará cada punto del espacio real de tu hogar a la maqueta. En particular, como tu maqueta está dentro del espacio que quieres representar, deberá contener a su vez una minimaqueta que a su vez contendrá otra minimaqueta... Estarás construyendo una escultura con efecto Droste. Según el teorema del punto fijo de Banach, habrá un punto de la habitación que será común a la infinita sucesión de maquetas. Sorprendente, ¿verdad?

En la literatura y en el cine también hay ejemplos de efectos parecidos al que acabamos de ver. Con frecuencia surge el tema del sueño que se produce dentro de un sueño o de una ficción que se desarrolla dentro de otra, basta con recordar a Jorge Luis Borges o *Las mil y una noches*. Leyendo el delicioso y disparatado libro cómic *Hervir un oso* de Jonathan Millán y Miguel Noguera, nos encontramos con un excelente ejemplo de actualidad: la aclamada serie *Cuéntame cómo pasó*.

Esta empezó a emitirse el 13 de septiembre de 2001. En ella se relatan las peripecias cotidianas de la familia Alcántara comenzando en el día 6 de abril de 1968. *Cuéntame* lleva quince años en antena y en el momento en que se escribe este capítulo (2016) están en el año 1984, de modo que en la ficción han transcurrido dieciséis años. La serie progresa a una velocidad de 16/15 = 1,07 años ficticios por cada año real así que, en caso de que continuara emitiéndose, en el año 2496 la serie transcurriría en el propio año 2496, alcanzando a la propia realidad.

Es interesante darse cuenta de que, previamente, en el año 2031 la serie habría llegado a su ficticio año 2001, momento en que apareció en antena, de modo que dentro de la serie deberíamos ver cómo empiezan a emitirse sus primeros episodios. La subserie *Cuéntame*, surgida dentro de la *Cuéntame* original, transcurriría a una velocidad de 1,07; que vista por un espectador real implicaría que va a $1{,}07^2$ años ficticios por cada año real. Por supuesto, esta subserie alcanzaría a su vez su propio año 2001, dando nacimiento a una tercera que transcurriría a una velocidad de $1{,}07^3$ años ficticios por cada año real...

Llegados a este punto, con infinitas series dentro de series a velocidades cada vez mayores, Millán y Noguera apelan a la relatividad especial, hablan de velocidades superlumínicas y se paran a reflexionar sobre la capacidad de precognición de la que deberían echar mano los guionistas en el momento en que la serie sobrepase a la propia realidad... A nosotros nos viene al pelo para plantear un problema sobre este surrealista efecto Droste televisivo: ¿coincidirán todas las infinitas subseries con la realidad al mismo tiempo?

Resolvámoslo primero por la vía dura. Para ello enfocaremos esta cuestión como un problema de cinemática. La subserie n-ésima se comporta como un móvil que se desplaza por una línea que marca el año ficticio τ_n en el que está transcurriendo en función del año real t. La serie original de los Alcántara ($n = 1$) arranca desde el pasado, sin pérdida de generalidad, pongamos que lo hace en el instante $-T$, por tanto, la ecuación de movimiento de la serie es $\tau_1(t) = vt - T$, donde v tiene un valor aproximado de 1,07.

Cuando la serie llega al origen del eje temporal que hemos introducido (el año 2001 en nuestro caso), comienza la primera subserie, que arranca como el móvil 2 desde $-T$ a una velocidad v^2. Así que ahora tenemos $\tau_2(t) = v^2(t - t_1) - T$, donde $t_1 = \frac{T}{v}$ es el instante en el que nace la nueva subserie.

En general, cuando la subserie n-ésima alcanza el origen, arranca la subserie $n + 1$ y se cumple $\tau_{n+1}(t) = v^{n+1}(t - t_n) - T$. Es fácil ver que el instante en el que empieza la serie $(n + 1)$-enésima está relacionado con el instante en el que comienza la n-ésima según la condición $t_n = t_{n-1} + \frac{T}{v^n}$.

Resolviendo esta recurrencia lineal, encontramos que $t_n = \sum_{m=1}^{n} \frac{T}{v^m} = \frac{T}{v-1}\left(1 - \frac{1}{v^n}\right)$, de modo que las ecuaciones del movimiento de dos subseries arbitrarias cualesquiera, n y m, serían $\tau_n(t) = v^n t - T\left(\frac{v^n - 1}{v - 1}\right)$ y $\tau_m(t) = v^m t - T\left(\frac{v^m - 1}{v - 1}\right)$.

Para determinar el instante en el que se produce el encuentro $t = t^*$, basta con resolver la ecuación $\tau_n(t^*) = \tau_m(t^*)$, cuya solución es $t^* = \frac{T}{v-1}$. Como el resultado es independiente de n y m, todas las subseries convergerán con la realidad al mismo tiempo.

Hay una manera más elegante y sencilla de demostrar esto que se basa, precisamente, en el efecto Droste. Para ello basta con darse cuenta de que el tiempo ficticio τ_n de la n-ésima subserie tiene como "tiempo real" al tiempo ficticio τ_{n-1} de su subserie madre. Este es el meollo del efecto Droste dinámico en este caso, así que, si la transformación de tiempos entre la realidad y la primera serie es $\tau_1(t) = vt - T$, entre la primera y la segunda subserie será: $\tau_2(\tau_1) = v\tau_1 - T$, ..., y en general tendremos que: $\tau_n(\tau_{n-1}) = v\tau_{n-1} - T$, de modo que obtendremos $\tau_n(t)$ componiendo la transformación $\tau_1(t)$ n veces; es decir, $\tau_n(t) = \tau_1^{(n)}(t)$. Puesto que $t^* = \frac{T}{v-1}$ es el único punto fijo de $\tau_1(t)$, también lo será de todas sus composiciones $\tau_n(t)$. ¡Qué sensación de poderío produce encontrar la herramienta matemática adecuada para resolver un problema concreto! ¿Algún voluntario para explicárselo a los Alcántara o a los guionistas de la serie?

Es posible que el paciente lector se esté preguntando en este punto ¿qué tiene que ver todo esto con "Galería de grabados"? El propio Escher apuntó que: "*El joven de la izquierda está mirando un grabado en el que él mismo aparece...*", y nosotros podríamos continuar diciendo: "*... mirando, a su vez, un grabado en el que él mismo aparece, mirando...* ad nauseam".

Las figuras que se muestran, donde ya aparece el grabado "rectificado y rellenado" por Lenstra y su equipo, lo ilustran perfectamente[16]. El efecto Droste resulta más impactante en el vídeo que prepararon Lenstra y sus colaboradores, donde vemos cómo la imagen se amplía $2^8 = 256$ veces para regresar al punto inicial. Se puede buscar en internet "Escher and the Droste effect" para ver este y otros vídeos espectaculares junto con los detalles de la reconstrucción de Smit y Lenstra que someramente hemos explicado.

Un joven está mirando un grabado de Escher en una galería de arte.

En la esquina superior derecha, podemos apreciar parte de la península de Senglea.

Allí se puede observar una construcción: ¡la propia galería de arte en la que se encuentra!

Al ampliar, observamos que un joven se encuentra mirando el mismo grabado de la península de Senglea.

El joven es el observador y el observado, que, a su vez, está observando el mismo grabado donde vuelve a estar él mismo...

Transformaciones complejas

La función de variable compleja que Lenstra y su equipo tuvieron que utilizar para "rectificar" la imagen fue una transformación potencial, que puede descomponerse en la

[16] Agradecemos al Prof. de Smit el permiso para utilizar las imágenes de su trabajo "Escher and the Droste Effect" conjunto con el Prof. Lenstra que están disponibles en http://escherdroste.math.leidenuniv.nl.

aplicación de un logaritmo complejo, una rotación y dilatación (multiplicación por una constante compleja) y una función exponencial. Esquemáticamente quedaría así:

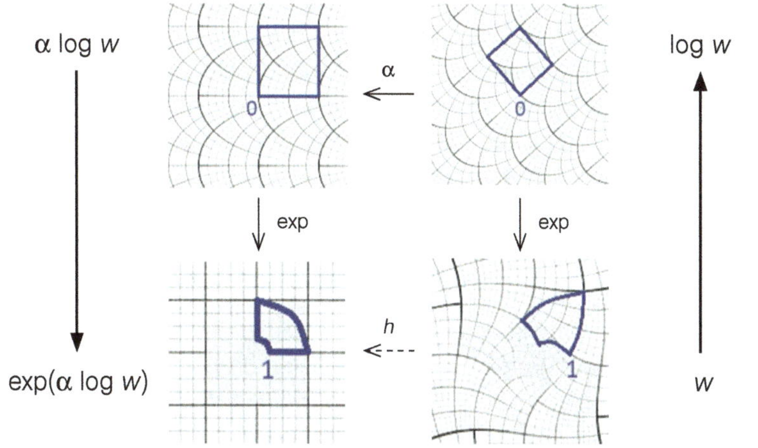

$$w \to z = h(w) = w^{\alpha} = \exp(\alpha \log w)$$
$$\text{con } \alpha = (2\pi i + \log 256) \,/\, 2\pi i$$

Figura 10.2. *Transformación utilizada para rectificar la imagen del grabado* Prententententoonstelling.

Partiendo ahora de la imagen "real" retocada y completada, y aplicando la función inversa de la potencial anterior, Lenstra y sus colaboradores lograron reproducir la litografía de Escher sin el punto ciego. El resultado fue el siguiente:

$$z \to w = h^{-1}(z) = w^{1/\alpha} = \exp\left(\frac{1}{\alpha} \log w\right)$$

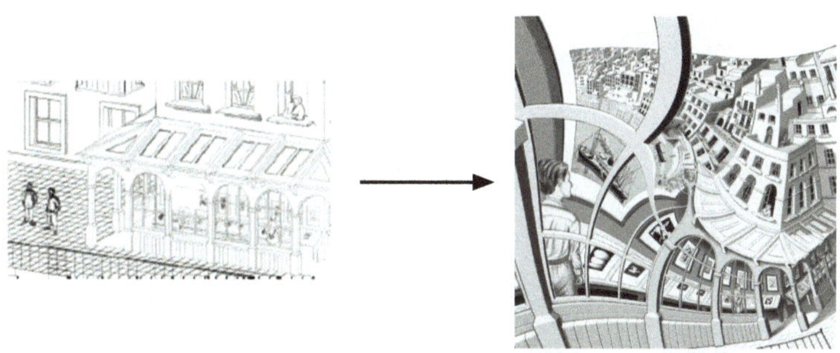

Figura 10.3. *Litografía de Escher sin la mancha blanca.*

Para apreciar realmente los dos años de trabajo del equipo de matemáticos, os recomiendo que veáis los vídeos que mencioné antes. En uno de ellos podréis observar cómo, cuando la nueva "litografía digital" se rota en el sentido de las agujas del reloj 157,6255960832... grados mientras que, al mismo tiempo, se le aplica un *zoom* de 22,5836845286... aumentos, regresamos al punto de partida. ¡Un asombroso y bello bucle infinito autorreferente!

"Escheriza" tus fotografías favoritas

Comentando su falta de motivación por la belleza en su obra, Escher dijo: "*Quizá mi interés principal sea lo asombroso, y no otra cosa que asombro es lo que intento suscitar en el ánimo de los espectadores*". En cierto modo, para un científico lo asombroso es una forma de belleza. Escher no tenía más que conocimientos elementales de matemáticas, pero su intuición estaba a la altura de los grandes geómetras. La transformación potencial compleja y las técnicas informáticas que utilizaron Smit y Lenstra para rematar su obra le habrían parecido mágicas, pero habrían hecho las delicias del maestro holandés. También, por supuesto, de nuestro homenajeado Gardner que, seguramente, habría dedicado una de sus columnas a semejante proeza matemático-artística.

No se me ocurre mejor manera de acabar este capítulo que proponerte que juegues a hacer de Escher. Con algo de pericia informática, un par de tutoriales fáciles de encontrar en internet y gracias al complemento (*plug-in*) Mathmap del programa de retoque fotográfico y dibujo Gimp (ambos son *software* libre), podemos crear imágenes escherianas, como las que acompañan a este texto.

Lecturas recomendadas, y más...

[1] De Smit, B. y Lenstra Jr., H. W.: "The mathematical structure of Escher's Print Gallery". *Notices of the AMS*, vol. 50, n.° 4, abril de 2003.

[2] Gardner, M.: "El arte de M. C. Escher". *Carnaval matemático*. Alianza Editorial, 778, 1983.

[3] Ernst, B.: *El espejo mágico* de M. C. Escher. Ed. Taschen, 1994.

[4] Ernst, B.: "El efecto Droste y *Galería de grabados* de Escher", 2006. Disponible en http://juegosdeingenio.org/archivo/718.

[5] Leys, J.: *A logarithmic image transformation*. Disponible en http://www.josleys.com/article_show.php?id=82 (blog personal), 2008.

[6] Millán, J. y Noguera, M.: *Hervir un oso*. Editorial Belleza Infinita, 2010.

[7] Robinson, S.: "M. C. Escher: More Mathematics Than Meets the Eye". *SIAM News*, vol. 35, n.° 8, octubre de 2002.

Capítulo once

El rey y los cincuenta presos

Carlos Angosto

En algunas ocasiones, la clave para resolver un problema puede estar en algún detalle aparentemente insignificante, algo que en un principio no parece que vaya a cambiar nada. Los pequeños detalles pueden ser muy importantes. De hecho, los matemáticos tenemos esto muy claro y sabemos que, en muchas ocasiones, no podemos despreciar un número por pequeño que sea ya que lo puede cambiar todo. Pues algo parecido va a pasar con el problema que voy a proponer aquí.

Pero no te atemorices, no va a ser necesario hacer ninguna operación complicada, es más, no vas a necesitar tener ningún conocimiento adquirido previamente para poder resolverlo. Todo lo que vas a necesitar está ya en tu cabeza. Te recomiendo que, tras leer el problema, antes de leer la solución intentes tú primero resolverlo, ya que la solución es mucho más bonita si has conseguido sacarla por ti mismo. Incluyo aquí la solución con todo detalle, pero deberías darte un tiempo antes de leerla.

El problema

Hace mucho tiempo, un poderoso rey, temeroso de lo rápidamente que evolucionaba un pequeño poblado no perteneciente a su reino, decidió atacarlo para detener dicho progreso y así evitar una posible futura amenaza. Como el poblado era pequeño la victoria fue rápida y capturó a cincuenta hombres que encarceló en las mazmorras de su castillo. Como el rey no era cruel, los trató bien, alimentándolos y permitiendo que recibiesen visitas, siempre bajo una estricta vigilancia. Pero, conforme pasaba el tiempo, estos presos fueron adquiriendo una gran fama debido a la gran inteligencia que demostraban, tanta que empezaron a recibir visitas de ilustres personajes procedentes de otros reinos.

Y llegó el día en que el rey se empezó a preocupar, sus presos estaban adquiriendo una relevancia en el reino mayor que la del propio rey. Así que ideó un juego con el que trató de ridiculizar la inteligencia de sus cincuenta presos sabios. Los reunió a todos en una sala con una gran mesa redonda en el centro rodeada por cincuenta sillas en las que se sentaron los cincuenta presos. El rey dijo:

–Os he reunido aquí para proponeros un juego. Tengo en mi mano una baraja de cartas, y cada carta tendrá un valor comprendido entre el 1 y el 10. Os repartiré una carta a cada uno quedándome con las cartas sobrantes, pero no os está permitido mirar el valor de vuestra carta, solo podréis observar su

reverso, que es el mismo para todas. Lo que haréis una vez repartidas todas las cartas es sostenerla de forma que todos vuestros compañeros puedan ver el valor de vuestra carta, así que todos podréis saber el valor de cada carta menos la vuestra.

Y con las cartas así, iréis diciendo por turnos si apostáis a que vuestra carta es la más alta. Entre todos los que apuesten ganará el que tenga la carta más alta y, en caso de empate, ganará el que haya apostado primero. Yo también cogeré una carta de la baraja que no mostraré y una vez que hayáis hablado todos pondré también la mía en juego, así que si mi carta es más alta que la de los que hayan apostado, yo seré el ganador. Si alguno de vosotros gana, conseguirá la libertad de inmediato. Sin embargo, todo aquel que apueste y pierda será condenado a la horca. Los que no os arriesguéis seguiréis en vuestras celdas como hasta ahora. Si habláis entre vosotros u os hacéis algún tipo de seña, iréis todos a la horca, así que no os arriesguéis.

Tras repartir el rey una carta a cada preso, quedarse él una y mostrar los presos sus cartas a sus compañeros, el rey observó que entre los presos había doce cartas con un 10, por lo que continuó hablando:

–Ahora podéis demostrar si de verdad sois tan listos. Es gracioso porque conocéis el valor de cuarenta y nueve cartas y no creo que se arriesgue nadie, pero si solo supierais el valor de vuestra carta, sin necesidad de saber el de los demás, seguro que alguno de vosotros saldría libre. Ahora os toca decir si apostáis por vuestra carta o no.

Efectivamente, como doce de los presos habían obtenido un 10, el primero de ellos que apostase por su carta automáticamente se salvaría. Sin embargo, ninguno conocía su carta así que ¿qué pasará a continuación? ¿Se arriesgará algún preso?

Antes de que empieces a intentar averiguar lo que va a pasar, aclaremos algunos puntos. El primero de ellos es que los presos quieren la libertad, sin embargo el rey los está tratando bien, por lo que aun encarcelados su vida es demasiado valiosa como para arriesgarla. Por tanto, un preso apostará por su carta solo si está totalmente seguro de que va a ganar dicho juego, y claro que esto lo hará solamente si está seguro de que tiene un 10, ya que aunque por algún motivo piense que el resto de los presos no van a apostar, tiene la incertidumbre de la carta del rey.

También hay que aclarar que se ha insistido mucho en la inteligencia de los presos, así que en este problema debemos considerar que son lógicos perfectos. Y no solo eso, sino que ellos son conscientes de este hecho, es decir, saben que sus compañeros son también lógicos perfectos, y que si existiese algún razonamiento que permitiera a alguno de ellos salir libre, así pasaría. Por último, tienes que tener en cuenta que los presos no saben que se han repartido entre ellos doce cartas con el número 10.

La solución

Cuidado, a partir de ahora voy a empezar a dar la solución al problema, no de golpe sino que voy a ir razonándola poco a poco. Pero te aviso de que la mejor forma de disfrutar con estos problemas es resolviéndolos por uno mismo. Así que te recomiendo que si todavía no has sacado el problema no sigas leyendo, que lo pienses un rato, y si te atrancas y sigue sin salirte, que tengas paciencia y hagas otra cosa, por ejemplo seguir leyendo otro capítulo de este libro. Y ya, cuando creas saber la solución, o ya no aguantes más sin saber cómo continúa la historia, sigue leyendo por donde lo dejaste. También puedes avanzar un poco en la lectura de este capítulo para ver las primeras pistas que doy y entonces volver a intentar resolverlo.

Cuando un problema como este se nos resiste, intenta simplificarlo primero, resuelve algún caso más sencillo y después ve complicándolo poco a poco y trata de ver cómo evoluciona el problema. Podemos imaginar un problema exactamente igual, pero en el que por ejemplo el número de presos que posean una carta con el número 10 sea menor.

Y el caso más sencillo es que solo un preso tenga dicha carta. ¿Qué pasaría en este caso? Piénsalo un poco antes de seguir leyendo. En este caso el preso poseedor del 10 ve que ninguno de sus compañeros tiene un 10. Además, el rey comentó que si cada preso conociera solo su carta habría alguno que saldría libre, de donde puede deducir que alguien de la mesa debe de poseer un 10. Por tanto, el 10 lo tiene que tener él ya que ninguno de sus compañeros lo tiene. Así que, cuando llegue su turno, este preso apostará por su carta, y, claramente, será el único que lo haga ya que los demás saben que perderían frente a ese 10. En este caso el preso poseedor del 10 saldrá libre.

Una vez resuelto el caso más sencillo, lo complicamos un poco más. Imagínate ahora que hay exactamente dos presos que posean un 10. ¿Qué crees que pasará ahora? Ningún preso apostará por su carta hasta que llegue el turno del primer preso con un 10. Pero este, al observar a sus compañeros, verá otro 10 y, como no sabe si hay más de uno, no podrá saber qué carta tiene. Ahora imagínate que eres el segundo preso con un 10. Al ver cómo tu compañero ha renunciado a apostar por su carta deduces que tiene que haber visto algún 10 entre el resto de cartas ya que en caso contrario habría apostado. Como no ves ningún otro 10 en la mesa, deduces que tu carta debe de ser ese 10, por lo que en tu turno apostarás por tu carta y saldrás libre.

¿Has sacado ya el patrón de lo que irá pasando? Por si todavía no está claro, demos un paso más. Imagina ahora que entre los presos hay exactamente tres cartas en las que aparezca un 10. El primer preso no se podrá arriesgar a apostar por su carta. El segundo preso con un 10 tampoco, ya que el hecho de que el primer preso haya pasado no le dará información alguna, debido a que como hay un tercer compañero con un 10, era lógico que el primer preso renunciase y ello no le ha dado ninguna información.

Ponte ahora en el papel del tercer preso poseedor de un 10. Estás viendo dos presos con un 10 y que ninguno de ellos ha apostado. ¿Sería eso suficiente para ti para deducir que también tienes un 10? En este caso, si no tuvieras un 10 significaría que estaríamos precisamente en el caso anterior, solo habría dos presos que posean un 10. Pero en tal caso, tus compañeros habrían seguido el razonamiento hecho en el caso anterior y por tanto el segundo preso habría apostado por su carta. Y como no ha sido así, la única posibilidad es que tú tengas otro 10, por lo que apostarás por tu carta y serás libre.

Si te das cuenta, este razonamiento se podrá ir haciendo cada vez que aumentemos en uno el número de cartas con un 10. Si fuesen cuatro, el cuarto sabría que tiene que tener un 10 ya que, si no lo tuviese, por el caso anterior, el tercer preso con un 10 habría apostado por su carta. En el caso de cinco, el quinto preso sabría que, si no tuviera un 10, el cuarto habría apostado por su carta, y como esto no ocurre, deducirá que posee un 10. Así que en realidad lo que tendremos es que, si entre los presos se hubiesen repartido *N* cartas con un 10, siempre el último de los presos poseedor de una de estas cartas saldría libre. Y así pasaría en nuestro caso, librándose por tanto de la cárcel el último preso poseedor de un 10, haciendo que nuestro rey fallase en su intento de burlarse de los sabios.

Una continuación del problema

Ahora que ya sabemos cómo se desarrolla la partida, veamos cómo continúa la historia.

> *El rey queda muy sorprendido al ver que uno de los presos apuesta por su carta, y que además este tiene un 10. Y nadie más apuesta. El rey muestra su carta, que resulta ser también un 10, pero como el preso apostó primero, el rey, siendo fiel a su palabra, le concede la libertad con lo que podrá volver a su poblado. El rey tenía la intención de prolongar el juego. Al pensar que ningún preso iba a apostar, para poder seguir burlándose de ellos les iba a*

permitir que tuvieran tantas oportunidades de apostar como quisieran, haciéndolo en el mismo orden y conservando cada uno su carta. Pensaba que así la burla sería mayor. Pero temiéndose que el resto de presos en posesión de un 10 pudieran hacer como su compañero y terminar ganándose su libertad, decidió no prolongar más el juego, con lo que mandó al resto de presos de nuevo a su celda.

El rey no tuvo en cuenta que el preso liberado había conseguido valiosos aliados durante su cautiverio ya que, como dijimos anteriormente, los presos sabios recibieron visitas de ilustres personajes que venían desde otros reinos. Esto permitió al preso liberado organizar un intento de rescate de sus compañeros, pero esto es una historia que deberá ser contada en otra ocasión.

Volviendo al juego de cartas, ¿qué habría pasado si el rey hubiese permitido jugar más partidas? ¿Habría obtenido la libertad algún otro preso?

¿Qué piensas? De nuevo te recomiendo que intentes averiguarlo por tu cuenta antes de leer estas líneas. Quizá hayas pensado que si siguen jugando, por el mismo razonamiento que hemos hecho ya, en la siguiente partida el preso poseedor de un 10 que estuviese en la undécima posición apostaría por su carta. Y así en cada partida uno de los once presos con un 10 conseguiría salir. Pero si lo piensas un poco verás que de hecho no es así, no saldría ningún preso más.

Para ver esto imaginemos de nuevo el caso más sencillo. Supongamos que hay dos presos que poseen un 10. En este caso necesitamos que al menos sean dos presos porque si fuera solo uno ya no quedaría nadie más que pudiese salvarse, y menos aún cuando sabemos que el rey tiene un 10. Pues bien, sabemos que en una primera partida el segundo preso con un 10 apostaría por su carta y saldría libre. ¿Qué pensaría entonces el primer preso con un 10?

Ponte en su situación. Solo ves a un compañero con un 10 y que ha apostado por su carta después de que tú hayas renunciado a tu apuesta. Por lo que hemos explicado antes, sabes que si tú tuvieras un 10 tu compañero iba a hacer eso. Pero es que si no tuvieras un 10, ese compañero también sabría que tenía que tener un 10, porque no vería ningún otro en la mesa. Así que de hecho sabías que él iba a apostar por su carta desde el principio, por lo que no ha pasado nada que te pueda dar ninguna información.

Lo mismo pasaría en el caso de haber más cartas con un 10. Cualquier preso que hablase antes que el poseedor del último 10 sabría de antemano que este iba a apostar por su carta. Los únicos presos que realmente saben algo nuevo son todos los que iban después del que apostó, ya que sabrían que él era el último poseedor de un 10. Así que los únicos presos que tienen nueva información no poseen un 10, por lo que apostar por su carta significaría la horca. Por tanto, el rey se equivocó no permitiendo más partidas.

Siguiendo con este problema, observa una curiosidad más. Fíjate que en nuestro razonamiento hemos usado que el rey dijo a los presos de forma indirecta que al menos uno de ellos poseía un 10. En un principio, esto parece un dato superfluo ya que todos ellos sabían que esto era así puesto que veían las cartas de sus compañeros. Sin embargo, este dato dado por el rey es sumamente importante ya que, si no hubiese dicho nada, ningún preso habría sido capaz de liberarse. Y es que en el caso más sencillo, el de tan solo un preso con un 10, este *a priori* no podría saber si alguien en la mesa tenía un 10, así que no ver ninguno no le podía asegurar que él iba a tener un 10. Y como todo nuestro razonamiento lo hemos construido a partir del caso más sencillo, en este caso ya no podremos hacer lo mismo.

Esta es la parte más sorprendente del problema, cómo un dato que parece que no aporta nada termina cambiando lo que finalmente pasa.

El principio de inducción

Como puedes ver, para la resolución de este problema no hemos usado ningún argumento matemático complicado, pero en realidad sí que hemos empleado una herramienta muy poderosa, la inducción matemática. La inducción matemática es un tipo de razonamiento que se usa muy a menudo por los matemáticos, tanto para resolver problemas sencillos como en la demostración de complicados teoremas. Si no sabes de lo que estoy hablando no te preocupes, paso a explicarlo a continuación.

En nuestro caso hemos demostrado la siguiente afirmación: el último preso poseedor de un 10 apostará por su carta y saldrá libre. Y para demostrar esta afirmación, en realidad no hemos utilizado el número de presos que había en total, si por ejemplo hubiésemos tenido quinientos presos el razonamiento habría sido igual. Pero sí que hemos estado viendo qué pasa cuando varía el número de presos que son poseedores de un 10. Y es que hemos hecho inducción sobre esta cantidad, que vamos a llamar N, hemos demostrado que valga lo que valga N, el último preso será libre. Los pasos en este tipo de razonamientos son los siguientes:

Paso 1: se prueba la afirmación que queremos demostrar para el caso $N = 1$. Normalmente este paso es sencillo, aunque no siempre. En nuestro caso ha sido inmediato razonar que en el caso $N = 1$ el único preso con un 10 apostaría por su carta.

Paso 2: suponemos que la afirmación es correcta hasta cierto valor $N = m$. No hay que hacer nada aquí, es solo una hipótesis.

Paso 3: bajo la hipótesis anterior, demostramos que la afirmación es válida para $N = m + 1$. En nuestro caso este paso lo hemos hecho aunque sin decirlo explícitamente. Supongamos que, si hay m presos con un 10, entonces el último de estos sale libre. Si hubiese $m + 1$ presos, el último preso con un 10 pensará que si él no tiene un 10, habría exactamente m presos con un 10 que además hablarían antes que él. Pero como estamos suponiendo que en el caso $N = m$ uno de sus compañeros apostará por su carta, debería ver a uno de sus compañeros apostar y no pasa así. Por tanto el último preso deducirá que su carta es un 10 y podrá apostar por ella. Esto demuestra que la afirmación se cumple en el caso $N = m + 1$, tal y como habíamos hecho antes.

¿Por qué esto nos basta para demostrar la afirmación en todos los casos? Es simple. El caso $N = 1$ estaría claro por el paso 1. El paso 3 nos dice que, si la afirmación es válida para $N = 1$, entonces también lo será para $N = 2$. Pero, a su vez, de nuevo el paso 3 nos dice que si la afirmación es válida para $N = 2$, también lo será para $N = 3$, y así tendremos que también es válido para $N = 4$, para $N = 5$, y así sucesivamente hasta el valor que queramos.

Ojo, no hay que confundir la inducción matemática con la inducción. Cuando se habla de inducción y no se especifica que es matemática, normalmente nos estamos refiriendo a otra cosa. La inducción es el proceso por el que a través de unas observaciones particulares concluimos que lo observado es siempre así. Por ejemplo, tras observar a varias vacas y ver que cada una de ellas tiene cuernos, concluimos que todas las vacas tienen cuernos. La inducción es un proceso que empleamos de forma natural y que en general nos sirve para obtener buenos resultados.

Sin embargo, no es un razonamiento que nos permita lograr una verdad absoluta, a diferencia de lo que ocurre con la inducción matemática. Si volvemos al problema que se ha planteado aquí, imagina que todos los presos hubiesen recibido un 10, salvo el primer preso y que este eres tú. Al ver que todos tus compañeros tienen un 10, por inducción podrías pensar que seguramente todos tenéis un 10, incluido tú. Pero aun así sería una posibilidad, y en realidad no sabrías cuál es tu carta.

Tal y como se ha hecho aquí, Martin Gardner solía proponer problemas lógicos, tanto en sus libros como en la columna "Juegos matemáticos" que publicaba en *Scientific American*. Algunos de los problemas que proponía se podían resolver usando la inducción matemática. Por ejemplo, en el Capítulo 4 de su libro *Matemáticas para divertirse* puedes encontrar un problema resuelto usando dicha técnica. Pero también hemos hablado aquí de la inducción no matemática, recalcando su diferencia con la inducción matemática. Martin Gardner escribió sobre este método en más de una ocasión. Por ejemplo, el Capítulo 4 de su libro *Circo matemático* está dedicado al razonamiento inductivo y allí podrás encontrar algunos juegos de inducción.

Con esto finaliza este capítulo. Espero que te haya gustado el problema que se ha propuesto aquí. Para dicho problema me he inspirado en uno bastante conocido planteado por Terence Tao en su blog, al que llamó "Los isleños de los ojos azules". Puedes encontrarlo en [3] (en inglés).

Lecturas recomendadas, y más...

[1] Gardner, M.: *Circo matemático*. El libro de bolsillo 937, Alianza Editorial, 1983.

[2] Gardner, M.: *Matemáticas para divertirse*. RBA, 2007.

[3] Tao, T.: *The blue-eyed islanders puzzle*. Disponible en https://terrytao.wordpress.com/2008/02/05/the-blue-eyed-islanders-puzzle/ (blog personal), 2008.

Capítulo doce

El juego de las luces

Vicente Muñoz

El *Lights Out!* es un conocido juego que fue inicialmente puesto a la venta por la compañía Tiger Toys en 1995. Se juega en un tablero de 5 × 5. Cada vez que se presiona una casilla, esta y las adyacentes (arriba, abajo, a derecha y a izquierda) cambian su estado de apagado a encendido o de encendido a apagado. Una posición inicial aparece cada vez que se presiona el botón de comienzo del juego, y el reto consiste en conseguir llegar a apagar todas las luces desde esa posición inicial.

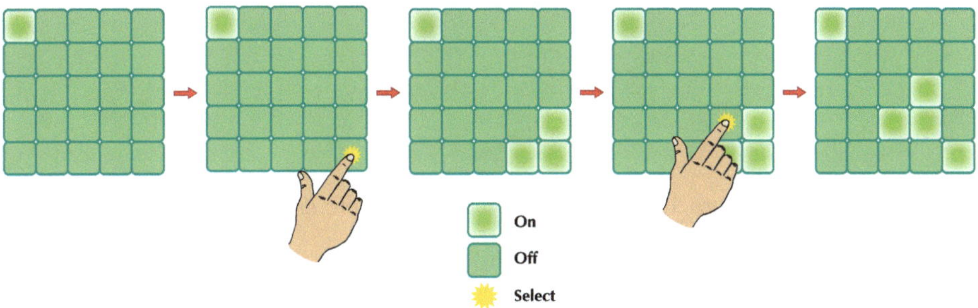

Figura 12.1. *Juego Lights Out!*

El juego cuenta con un grupo de fans. Tiene una página en *Wikipedia* [3] en la que se pueden encontrar multitud de enlaces en los que hay aplicaciones de Java para jugar en el ordenador, y también tutoriales para resolver el juego rápidamente. Hay varias aplicaciones para móviles Android que se pueden encontrar en la *Play Store*. Finalmente existe un análisis matemático del juego, desde un nivel ligero hasta un nivel realmente profundo, y se pueden encontrar referencias en *Mathworld* [2]. Los artículos [1] y [4] de *Mathematics Magazine* están escritos con un punto de vista matemático pero ampliamente divulgativo, por lo que recomendamos encarecidamente su lectura.

El *problema básico* en el juego *Lights Out!* consiste en encender todas las luces partiendo del tablero con todas las luces apagadas. Se puede plantear en un tablero de cualquier tamaño $n \times n$. Hay dos preguntas centrales:

a. ¿Existe solución para el problema básico en un tablero de $n \times n$?

b. Si hay solución, ¿cuántas soluciones hay?

Proponemos al lector, antes de continuar, que conteste a estas preguntas en un tablero 2 × 2, 3 × 3 y 4 × 4.

Un teorema matemático debido a Klaus Sutner [7] dice que siempre hay soluciones al juego en un tablero *n* × *n*. El número de soluciones para cada *n* está calculado y aparece en la *On-Line Encyclopedia of Integer Sequences* [6]. Una derivación algebraica de la fórmula que da el número de soluciones para el tablero *n* × *n* aparece en el artículo [5] del autor.

En el caso de un tablero 5 × 5, la respuesta a la pregunta **a** de arriba se puede obtener pulsando la configuración que se muestra en la Figura 12.2.

Figura 12.2. *Una solución para el tablero de 5 × 5.*

Ante la pregunta **b**, una sencilla observación surge a bote pronto: girando la solución anterior tenemos otras tres soluciones nuevas. Luego al menos hay cuatro soluciones. De hecho, es curioso el hecho de que las siguientes afirmaciones resultan equivalentes[17]:

- El problema básico tiene solución única.
- Dada cualquier configuración inicial, siempre hay una forma de encender todas las luces.

Para el lector que no conozca la explicación de este hecho, la mostramos con un razonamiento para el que necesitamos un poco de matemáticas.

Formalizando el problema con matemáticas

Cada casilla tiene dos posiciones: encendida o apagada. Como ocurre con los bits, es natural indicar la posición encendida con un 1, y la posición apagada con un 0. Al presionar la casilla, cambia de 0 a 1 o de 1 a 0. Si indicamos con un 0 el hecho de no presionar y con un 1 el hecho de presionar, tenemos la siguiente regla:

---

17 Los matemáticos llaman a este fenómeno *la alternativa de Fredholm*.

	Posición inicial (0)	Posición final (1)
No presionar (0)	0	1
Presionar (1)	1	0

El conjunto de estados de la casilla es {0, 1} y tiene una sencilla operación *suma* con la siguiente tabla:

+	0	1
0	0	1
1	1	0

Es decir: 1 + 1 = 0. Esto es lo que se llama *aritmética módulo 2*. Cuando presionamos una casilla, lo que hacemos es sumar 1. De hecho, si presionamos la casilla una segunda vez, sumamos 1 + 1 = 0, con lo que la casilla retorna a su posición original. Ciertamente, pulsar dos veces la misma casilla tiene un efecto nulo, con lo que una casilla ha de pulsarse una vez o ninguna. Pulsarla más veces es redundante.

Por otro lado, si pulsamos una casilla A, estamos sumando 1 a esa casilla A y a las casillas adyacentes a A. Pulsando otra casilla B, sumamos 1 a la casilla B y a las adyacentes a B. El resultado es el mismo que si primero pulsamos B y luego pulsamos A (se afirma que la suma en {0, 1} es *conmutativa*). Esto nos dice que el orden en el que pulsamos no es relevante. Basta con saber qué casillas hemos de pulsar y se pueden pulsar en cualquier orden.

Por tanto, el número total de posibles formas de pulsar (las llamaremos *patrones*) es 2^{25}, dado que hay dos opciones por cada casilla (pulsarla o no) y hay 25 casillas. Denominaremos *estado* a una configuración concreta de luces del tablero, donde cada una está, o bien apagada, o bien encendida. En total hay 2^{25} configuraciones, pues hay dos estados por cada casilla (encendida o apagada) y hay veinticinco casillas. Llamaremos *estado inicial* (**0**) al estado con todas las luces apagadas (todo ceros).

Si partimos de un tablero en el estado inicial (**0**) y aplicamos un patrón (**P**), llegamos a un estado (**E**). A este proceso se lo denomina en matemáticas *aplicación* (y se le da un nombre, usando una letra, por ejemplo, *f*). Una aplicación es un procedimiento que asigna a cada **P** su correspondiente resultado **E**. Se suele escribir $f(\mathbf{P}) = \mathbf{E}$.

Hay un fenómeno de superposición: consideremos un patrón $\mathbf{P}_1$ que nos produce (partiendo de **0**) un estado $\mathbf{E}_1$, y otro patrón $\mathbf{P}_2$ que produce el estado $\mathbf{E}_2$. Presionar $\mathbf{P}_1$ y $\mathbf{P}_2$ sucesivamente se corresponde con el patrón suma $\mathbf{P}_1 + \mathbf{P}_2$ (se suma en cada casilla el valor 0 o 1 correspondiente, con el detalle de que presionar una casilla dos veces corresponde a 1 + 1 = 0). El estado final será el resultado de iluminar las casillas de $\mathbf{E}_1$ y las de $\mathbf{E}_2$, y si alguna está repetida quedará apagada (de nuevo, 1 + 1 = 0). Es decir, el estado final es $\mathbf{E}_1 + \mathbf{E}_2$. Concluimos que $f(\mathbf{P}_1 + \mathbf{P}_2) = \mathbf{E}_1 + \mathbf{E}_2$.

El fenómeno de superposición[18] tiene múltiples aplicaciones:

1. Por ejemplo, si partiendo del estado inicial **0** aplicamos **P** y llegamos a **E** = *f*(**P**), ¿cómo podemos ahora desandar el camino, es decir, apagar todas las luces de **E**? La respuesta es la siguiente: volvemos a presionar las mismas casillas, es decir, aplicamos otra vez el patrón **P**. Como $\mathbf{P} + \mathbf{P} = \mathbf{0}$, el resultado es $f(\mathbf{P} + \mathbf{P}) = \mathbf{E} + \mathbf{E} = \mathbf{0}$.

Por tanto, es equivalente resolver el problema directo $\mathbf{0} \rightarrow \mathbf{E}$ que el inverso $\mathbf{E} \rightarrow \mathbf{0}$.

2. Si queremos llegar de un estado $\mathbf{E_1}$ a un estado $\mathbf{E_2}$, basta con saber llegar del estado inicial a $\mathbf{E_1} + \mathbf{E_2}$. Si $f(\mathbf{P}) = \mathbf{E_1} + \mathbf{E_2}$, entonces aplicando **P** llegamos de $\mathbf{E_1}$ a $\mathbf{E_1} + (\mathbf{E_1} + \mathbf{E_2}) = \mathbf{E_1} + \mathbf{E_1} + \mathbf{E_2} = \mathbf{E_2}$.

Por tanto, nos basta con saber resolver el problema de llegar de **0** a cualquier estado **E**. Por ejemplo, si queremos encender todas las luces desde **E**, basta con ir de $\mathbf{E} \rightarrow \mathbf{0}$ y luego de $\mathbf{0} \rightarrow \mathbf{1}$ = estado de todas las luces encendidas.

3. Sea **E** un estado alcanzable (es decir, un estado para el que hay algún patrón que lo produce), y sea *m* el número de soluciones al problema $f(\mathbf{P}) = \mathbf{E}$. Sean $\mathbf{P_i}$, i = 1, 2, ..., *m*, los patrones que dan **E**. Si $\mathbf{E'} = f(\mathbf{P_1'})$ es otro estado alcanzable, entonces también el número de soluciones a $f(\mathbf{P'}) = \mathbf{E'}$ es *m*. Estas soluciones son $\mathbf{P_i'} = \mathbf{P_1'} + \mathbf{P_i} + \mathbf{P_1}$, i = 1, 2, ..., *m*.

4. De hecho, basta con resolver el problema de apagar todas las luces (partiendo de todas las luces apagadas **0**), al que llamaremos *problema fundamental*. Claramente hay una solución, el patrón $\mathbf{P_1} = \mathbf{0}$ (es decir, no tocar nada). Si $\mathbf{P_2}, ..., \mathbf{P_m}$ son las otras soluciones de $f(\mathbf{P_i}) = \mathbf{0}$, entonces cualquier estado alcanzable $f(\mathbf{P'}) = \mathbf{E}$ se logra con *m* patrones: $\mathbf{E} = f(\mathbf{P'} + \mathbf{P_i})$, i = 1, 2, ..., *m*.

5. Si $\mathbf{P_1} = \mathbf{0}, \mathbf{P_2}, ..., \mathbf{P_m}$ son las soluciones del problema fundamental, entonces $\mathbf{P_i} + \mathbf{P_k}$ es también solución del problema fundamental para cualesquiera i, k. De aquí se deduce que *m* es una potencia de 2, $m = 2^s$. Es decir, podemos elegir $\mathbf{Q_1}, ..., \mathbf{Q_s}$ soluciones del problema fundamental de forma tal que cada $\mathbf{P_i}$ sea la suma de una colección formada por algunos de los $\mathbf{Q_1}, ..., \mathbf{Q_s}$.

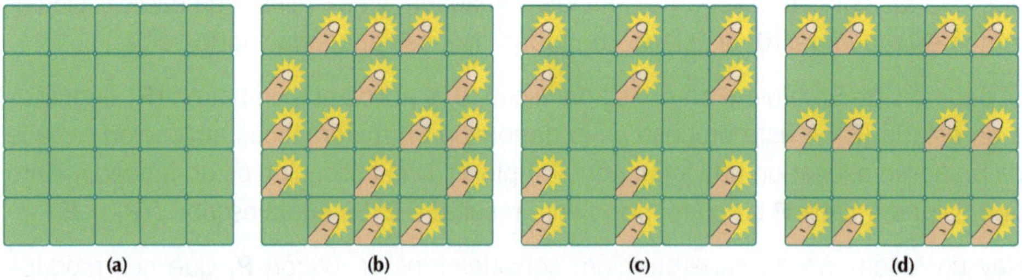

Figura 12.3. *En el problema del tablero de 5 × 5, estas son las soluciones al problema fundamental, $m = 4 = 2^2$. Podemos tomar $\mathbf{Q_1}$ = (c), $\mathbf{Q_2}$ = (d). Entonces (a) = **0** y (b) = $\mathbf{Q_1} + \mathbf{Q_2}$.*

---

[18] En matemáticas se conoce con el nombre de *linealidad*.

Ahora:

El problema de llegar a cualquier estado posible **E** consiste en determinar si la aplicación *f* es *sobreyectiva*.

Que el problema fundamental tenga solo una solución quiere decir que $m = 1$, esto es, que si un estado es alcanzable lo es de una forma única. Se dice entonces que *f* es una aplicación *inyectiva*.

Como el número de patrones es 2^{25}, que coincide con el número de estados, *f* es inyectiva si y solo si *f* es sobreyectiva. En este caso, cada estado se alcanza por uno y solo uno de los patrones (y entonces *f* se denomina *aplicación biyectiva*).

¿Cuántos estados podemos conseguir?

Supongamos que $\mathbf{P}_1, ..., \mathbf{P}_m$ son las soluciones al problema fundamental (todas las formas de conseguir que, partiendo del tablero con todas las luces apagadas, lleguemos a tener las luces apagadas de nuevo). Así, cada estado alcanzable lo es por *m* patrones. Es decir, hay $2^{25}/m$ estados alcanzables. Vemos de nuevo que *m* debe ser una potencia de 2, $m = 2^s$, y por tanto hay 2^{25-s} estados alcanzables. En el tablero de 5 × 5, como $m = 4$, un cuarto de los estados son alcanzables, el resto no lo son.

Simetrías

El cuadrado se puede rotar (90°, 180° y 270°). También se puede reflejar en el eje vertical, en el eje horizontal o en los ejes que van en diagonal. A las rotaciones y reflexiones se las llama en matemáticas *simetrías*. Por tanto, con cada patrón **P** (o con cada estado **E**), podemos conseguir ocho patrones (ocho estados, respectivamente) aplicando simetrías. Si el patrón *tiene alguna simetría* (es decir, si aplicando alguna simetría concreta el patrón permanece igual) entonces los patrones obtenidos son menos de ocho (pueden ser cuatro, dos o uno). De hecho, el patrón es totalmente simétrico cuando las ocho simetrías lo dejan igual.

En la Figura 12.3, (a) y (b) son totalmente simétricos, mientras que (c) y (d) se consiguen rotando uno 90° para obtener el otro.

Si *s* es una simetría y $f(\mathbf{P}) = \mathbf{E}$, entonces $f(s(\mathbf{P})) = s(\mathbf{E})$, es decir, el resultado de rotar (o reflejar) un patrón es el de rotar (o reflejar) el estado **E** asociado. En particular, si **P** es simétrico, entonces también lo es **E**.

Pero puede ocurrir que **E** sea simétrico sin serlo **P**. Por ejemplo, la solución de la Figura 12.2 no es totalmente simétrica y produce el estado **1**, que sí que lo es.

Sin entrar en todo lo que podemos conseguir usando las simetrías (que es mucho), daremos solo un par de pinceladas:

1. Si f es biyectiva (cuando el problema $f(\mathbf{P}) = \mathbf{E}$ tiene siempre solución única), entonces si **E** es simétrico, **P** también es simétrico. Por ejemplo, para buscar la solución al problema de encender todas las luces $f(\mathbf{P}) = \mathbf{1}$, podemos empezar por buscar todas las soluciones simétricas. Para ello, dibujamos para **P** un tablero como el que sigue:

A	B	C	B	A
B	D	E	D	B
C	E	F	E	C
B	D	E	D	B
A	B	C	B	A

Figura 12.4. *Buscando soluciones simétricas.*

donde A, B, C, D, E y F son números 0 o 1 que queremos determinar. La ecuación $f(\mathbf{P}) = \mathbf{1}$ se rescribe como una colección de ecuaciones en nuestra aritmética módulo 2. Por ejemplo, decir que la esquina arriba a la izquierda está iluminada se transcribe por $A + B + B = 1$, que obviamente nos da que $A = 1$.

Si el sistema que escribimos con todas las casillas tiene solución, encontramos **P** con $f(\mathbf{P}) = \mathbf{1}$. En caso contrario, sabremos que el problema no tiene solución única, incluso sin haber hallado la solución (en el caso de 5 × 5, lo que ocurre es lo segundo).

2. Si $f(\mathbf{P}) = \mathbf{E}$, y tenemos que **E** es simétrico pero **P** no lo es, entonces aplicando una simetría s, tenemos que $f(s(\mathbf{P})) = s(\mathbf{E}) = \mathbf{E}$. Por tanto, $\mathbf{P} + s(\mathbf{P})$ es solución al problema fundamental $f(\mathbf{P} + s(\mathbf{P})) = \mathbf{0}$.

Dejamos al lector hacer esto con la solución de la Figura 12.2. Tenemos así un buen método para encontrar soluciones al problema fundamental, lo que sabemos que es clave en este juego.

Con piezas de ajedrez

Vamos a proponer al lector problemas semejantes cambiando las reglas de encendido, siguiendo los movimientos de las piezas del ajedrez.

¿Se pueden encender todas las luces de un tablero si al presionar una se encienden/apagan esa y todas las que esta ataca si es una torre?, ¿de cuántas maneras? ¿Se podrían alcanzar todos los posibles estados **E** del tablero?

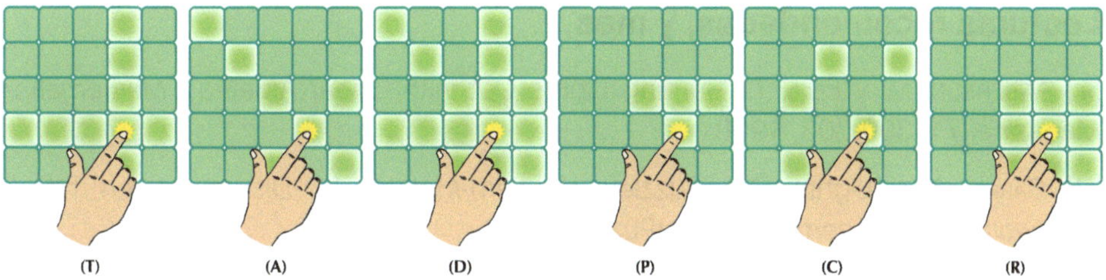

Figura 12.5. *Cambio las reglas de encendido usando los movimientos de las piezas del ajedrez.*

¿Y en el caso de un alfil, una dama, un peón, un caballo o un rey? Para el peón, se encenderá/apagará la casilla que presionamos, las que ataca el peón y a la que puede desplazarse él mismo (no consideraremos el avance doble para no complicar el problema).

¡Esperamos que el lector disfrute resolviendo estas preguntas!

Soluciones

- **Torre:** vemos que, si pulsamos todas las casillas de una fila o de una columna, entonces encendemos todo el tablero. Por tanto, la solución no es única.
- **Alfil:** aquí las casillas son de dos colores (y así las pintamos para facilidad del lector en la Figura 12.6, y vemos que los alfiles actúan de manera independiente. En las casillas oscuras la solución es simétrica, y de hecho consiste en pulsarlas todas. En las casillas claras, basta con pulsar tres casillas centradas en una diagonal. La solución no es simétrica, y por tanto *f* no es biyectiva.
- **Dama:** el método de las soluciones simétricas nos da F = 1, B + C + E = 1. En particular, la solución no es única, a pesar de ser soluciones simétricas. En el dibujo mostramos la solución con A = B = C = D = 0 y E = F = 1.
- **Peón:** basta con ir de abajo hacia arriba, encendiendo las luces de cada fila sucesivamente. De hecho, la solución es única. Aquí *f* es biyectiva.
- **Caballo:** el método de las soluciones simétricas da A = C = D = E = F = 1, B = 0.
- **Rey:** podemos tocar en cuatro casillas como se muestra en el dibujo para encender todo (aprovechando la baja interacción entre los reyes). Como la solución no es simétrica, tenemos que *f* no es biyectiva.

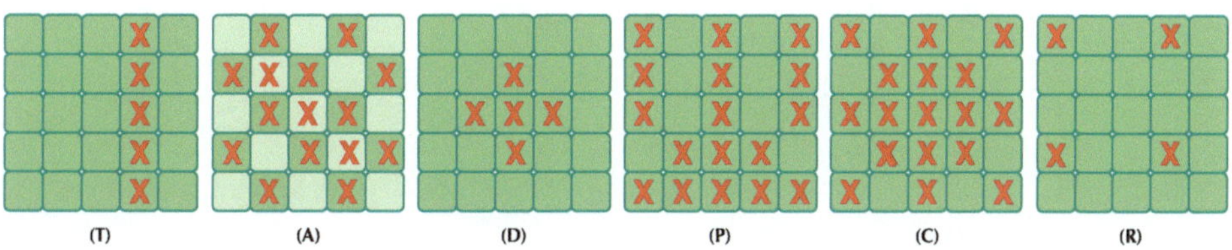

Figura 12.6. *Soluciones.*

Lecturas recomendadas, y más...

[1] ANDERSON, M. y FELL, T.: "Turning Lights Out with Linear Algebra", *Mathematics Magazine*, 71, 300-303, 1998.

[2] BARILE, M.: "Lights Out Puzzle". *Wolfram-MathWorld.* Disponible en http://mathworld.wolfram.com/LightsOutPuzzle.html.

[3] *Lights Out (game).* Disponible en Wikipedia, The Free Encyclopedia: https://en.wikipedia.org/wiki/Lights_Out_(game), 2017.

[4] MARTÍN-SÁNCHEZ, O.: "Two reflected analyses of lights out", *Mathematics Magazine*, 74, 295-304, 2001.

[5] MUÑOZ, V.: "Las matemáticas del juego Lights Out!", *Gaceta de la Real Sociedad Matemática Española*, 19, 83-97, 2016.

[6] SLOANE, N. J. A.: "Sequence A075462 in The On-Line Encyclopedia of Integer Sequences". Disponible en http://oeis.org/A075462.

[7] SUTNER, K.: "Linear Cellular Automata and the Garden-of-Eden", *Math. Intelligencer*, 11, 49-53, 1989.

Capítulo trece

La colmena matemática

David Martín de Diego

En los últimos tiempos estamos asistiendo continuamente a la publicación de informes sobre la disminución de la población de las abejas debida a la acción del hombre. Estos pequeños insectos nos han acompañado desde los albores de la civilización e, indudablemente, sería un desastre ecológico su desaparición. En este artículo, hablaremos de ellas y, de algo quizá no tan conocido, su relación con las matemáticas.

Comentemos, en primer lugar, que en la colmena existen tres tipos diferenciados de abejas: la reina, los zánganos y las obreras. La única que es fértil es la abeja reina que, como tarea principal, se encarga de poner los huevos de los que nacerán el resto de las abejas. Los zánganos tienen como tarea exclusiva, la de fecundar a la abeja reina, aunque como veremos este no es un destino tan deseable como pueda parecer. Del resto de las tareas ¡casi todas! se ocupan las obreras: recolectoras, constructoras del panal, nodrizas, guardianas, almacenadoras, limpiadoras... El número de abejas de una colmena puede ser de 30 000 a 80 000 individuos y, por supuesto, la gran mayoría la forman las abejas obreras.

Genealogía de un zángano

Fijémonos, en primer lugar, en el proceso reproductivo de las abejas que nos ayudará a motivar nuestra primera historia matemática. La futura reina abandona la colmena en su vuelo nupcial emitiendo feromonas que excitarán a los zánganos que, enseguida, salen en su persecución. Solamente los más fuertes podrán alcanzarla.

Una vez hecha esta selección natural, la reina se acopla con alguno de los zánganos, arrancándole los órganos genitales tras la cópula y muriendo el zángano tras este frenesí sexual. Este proceso se repite varias veces quedando la reina fecundada para toda su vida, y almacenando los espermatozoides de los zánganos en un órgano llamado espermateca.

Al poco tiempo, la reina comienza a poner miles de huevos por día, aumentando el tamaño de la colmena.

La historia que nos interesa es que los zánganos, los machos, se producen de huevos no fecundados, así que tienen madre pero no padre. Las abejas hembras, tanto futuras reinas como obreras, se originan de huevos fecundados; es decir, tienen padre y madre. Más adelante veremos las razones de este extraño hecho.

Si el lector está aún perturbado por el final tan horrible pero romántico, del zángano, lo mejor sería hacer un *in memoriam* en su honor. Nada más oportuno, en este caso, que construir un árbol genealógico de uno de estos zánganos.

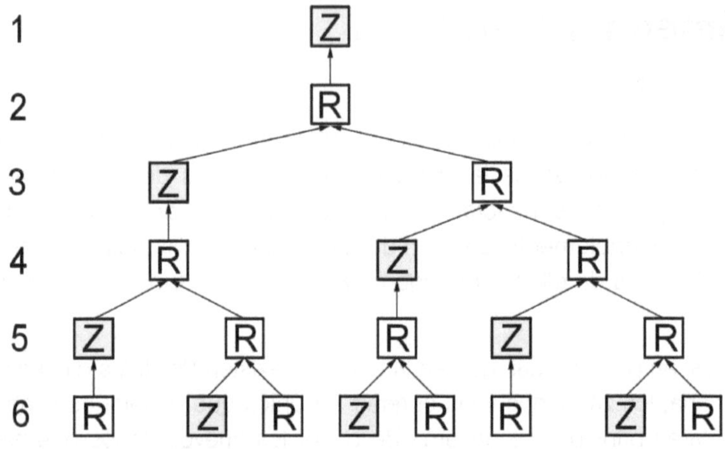

Figura 13.1. *Árbol genealógico de un zángano.*

Inicialmente, llamémosla *generación 1*, tenemos a nuestro zángano. Recordemos que tiene madre y no padre y, por tanto, en la generación anterior, la 2, solamente tendrá un progenitor, su madre. En la generación 3, tendrá dos abuelas y un abuelo y, por tanto, en la generación 4, tres bisabuelas y dos bisabuelos, y así sucesivamente.

Representando estos números en una tabla, comprobamos cómo surge una de las más famosas sucesiones de la historia de las matemáticas.

Generación	1	2	3	4	5	6	7	8	9
N.º abejas	1	1	2	3	5	8	13	21	34

Como vemos, la secuencia que va surgiendo es la siguiente: **1**, **1**, **2**, **3**, **5**, **8**, **13**, **21**, **34**, **55**, **89**, **144**, **233**, **377**, **610**, **987**, **1597**, **2584**, **4181**...

Escribir la regla de formación de esta secuencia es fácil: cualquier número se obtiene sumando los dos anteriores. Utilizando el lenguaje preciso de las matemáticas escribiríamos

$$f_n = f_{n-1} + f_{n-2},\ n \geq 3,$$

con $f_1 = 1$ y $f_2 = 1$. Esta sucesión aparece en el *Liber Abaci* escrito en 1202 por Leonardo de Pisa, más conocido como *Fibonacci*, en este caso como un problema de crecimiento de una población de conejos. La sucesión anterior, que llamaremos *sucesión de Fibonacci*, aparece de un modo asombroso en la naturaleza, ya sea en la posición de las hojas alrededor del tallo de una planta, en la disposición de semillas en girasoles o piñas, o en las caracolas marinas, entre muchos otros casos. Todo ello se puede explicar si tenemos en cuenta las propiedades matemáticas de esta sorprendente secuencia de números. En particular, el cociente de dos números consecutivos tiende hacia uno de los más famosos números de las matemáticas, la **razón áurea**. Así, tenemos que:

$$\frac{1}{1}=1,\quad \frac{2}{1}=2,\quad \frac{3}{2}=1{,}5,\quad \frac{5}{3}=1{,}666,\quad \frac{8}{5}=1{,}6,\quad \frac{13}{8}=1{,}625,\quad \frac{21}{13}=1{,}615$$

Desde el punto de vista de las Matemáticas, lo que estamos intentando calcular es lo siguiente:

$$\lim_{n\to\infty}\frac{f_{n+1}}{f_n}$$

Suponiendo que existe este límite, es fácil deducir cuál debe ser su valor. Para ello, si llamamos Φ al valor de dicho límite, llegamos a que

$$\Phi=\lim_{n\to\infty}\frac{f_{n+1}}{f_n}=\lim_{n\to\infty}\frac{f_n+f_{n-1}}{f_n}=1+\lim_{n\to\infty}\frac{f_{n-1}}{f_n}=1+\frac{1}{\Phi}$$

o, de otro modo,

$$\frac{\Phi+1}{\Phi}=\Phi$$

que equivale a la ecuación cuadrática $\Phi^2-\Phi-1=0$, cuya solución positiva es

$$\Phi=\frac{1+\sqrt{5}}{2}\approx +1{,}61803398.$$

Este número tan especial Φ que, como hemos visto, está íntimamente ligado con la sucesión de Fibonacci, ya era conocido por matemáticos y artistas de la Antigüedad clásica. Se lo conoce de muchos modos, **razón áurea**, **número áureo**, **número de oro**, **razón extrema y media**, **proporción áurea**... La letra griega *fi*, Φ, se utiliza en honor al famoso escultor y arquitecto griego Fidias (490-430 a. C.).

Recomendamos al lector leer el Capítulo 13, "Números de Fibonacci y de Lucas", del libro *Circo matemático* de nuestro añorado Martin Gardner, para obtener información sobre esta maravillosa sucesión que ha surgido del árbol genealógico de un zángano de nuestra colmena.

Las celdas de las abejas

Pero fijémonos ahora en la vivienda de las abejas: la colmena. Todo el trabajo en la colmena está especializado y las obreras se ocupan como labor principal de cuidar a su reina, a los huevos y larvas. La estructura interna de la colmena está formada por un empaquetamiento de celdas hexagonales de cera. La función de estas celdas es servir como almacenamiento de miel y polen o para acoger a los huevos y larvas. Al estar formadas por cera constituyen un perfecto aislante térmico y de la humedad, permitiendo conservar una temperatura constante en el interior de la colmena pues, por ejemplo, en la zona de cría se debe mantener una temperatura constante de unos 34 °C.

En el invierno, para mantener la temperatura interior de la colmena las abejas obreras forman ellas mismas una cubierta protectora adicional para evitar que se enfríe la parte central de los panales. Esta cubierta de abejas se expande y se contrae en función de la temperatura. Por supuesto, las abejas más externas sufrirán más el frío que las internas, por lo que es necesaria una rotación de la posición cada cierto tiempo; sin embargo, muchas de ellas morirán sacrificándose por el resto.

Pero volvamos a los paneles de las abejas. Antes hemos dicho que tienen forma hexagonal. Esta forma enseguida nos vuelve a recordar a las matemáticas y es natural que atrajese la atención de muchísimos científicos desde la Antigua Grecia hasta nuestros tiempos. Una de las referencias más detalladas aparece en *La colección matemática* del gran geómetra Pappus de Alejandría, hacia el año 340 d. C. En ella este autor señala lo siguiente:

> *Por supuesto, es al hombre a quien ha dado Dios la mayor y más perfecta sabiduría, en general, y de las ciencias matemáticas, en particular, pero también ha asignado a algunos animales irracionales parte de estas cosas. A los hombres, como seres dotados de razón, les permitió que actuasen bajo la luz de la razón y la demostración, pero a los otros animales, mientras que les denegaba el uso de la razón, les concedió, gracias al instinto natural, obtener todo cuanto sea necesario para sobrevivir. Se ha observado que este instinto existe en muchos seres vivos, pero sobre todo en las abejas.*
>
> *En primer lugar, su orden y su sumisión a las reinas, que gobiernan en el estado, son verdaderamente admirables, pero es mucho más admirable todavía su emulación, la limpieza que mantienen en la recolección de la miel, y la previsión propia de un ama de casa y el cuidado que dedican a su preservación. Probablemente, porque saben que tienen la tarea de llevar a la humanidad una parte de la ambrosía de los dioses; y como no piensan en verterla descuidadamente en un suelo de madera, o en cualquier otro material feo e irregular, se preocupan, en primer lugar, de la recogida de dulces de las más hermosas flores que crecen en la tierra, y hacen de ellos, para la recepción de la miel, los envases que llamamos panales (con sus celdas), todos iguales, similares y contiguos entre sí, y en forma hexagonal.*

Podemos inferir que esto se consigue en virtud de una cierta previsión geométrica. Deben razonar que estas figuras deben ser contiguas unas a otras, es decir, con lados comunes, para que no pueda entrar por los intersticios entre ellos ningún material extraño y así contaminar la pureza de sus productos. Hay solo tres figuras rectilíneas que cumplen esa condición, me refiero a figuras regulares que son equiláteras y de ángulos iguales, porque las abejas no tendrían ninguna de las figuras que no son uniformes...

No habiendo entonces más que tres figuras capaces por sí mismas de llenar el espacio exactamente sobre el mismo punto, las abejas, a causa de su sabiduría instintiva, han elegido para la construcción del panal la figura que tiene mayor número de ángulos, ya que conciben que podría contener más miel que cualquiera de las otras dos. Las abejas, entonces, saben exactamente la figura que les es útil, que el hexágono es mayor que el cuadrado y el triángulo, y que con una misma cantidad de materia gastada para la construcción de cada figura, el hexágono podrá contener más miel.

Pero, en cuanto a nosotros, que pretendemos poseer una mayor sabiduría que las abejas, investigaremos algo más amplio, a saber, que de todas las figuras planas equiláteras y equiángulas de idéntico perímetro, la que tiene un número mayor de ángulos es siempre mayor (en área), y la mayor de todas es el círculo, que tiene su mismo perímetro.

En el texto vemos una afirmación curiosa, las abejas prefieren el teselado (o embaldosado) hecho con hexágonos regulares, en lugar de los realizados con triángulos o cuadrados. Dos rápidas preguntas nos surgen: ¿por qué son mejores los teselados hexagonales que el elaborado con triángulos o cuadrados? ¿Y por qué no se utilizan otros teselados con diferentes figuras?

Figura 13.2. *Teselados del plano con polígonos regulares.*

Estudiemos en primer lugar la primera pregunta. Para ello, consideremos un polígono regular de n lados (en la Figura 13.3 vemos un hexágono). Vamos a calcular la relación entre su área y su perímetro en función del radio r de la circunferencia que lo circunscribe. Llamemos x a la longitud de la mitad de un lado del polígono (es decir, la distancia del punto G al punto A en la figura) y a a su apotema (esto es, la distancia del punto O al punto G en dicha figura).

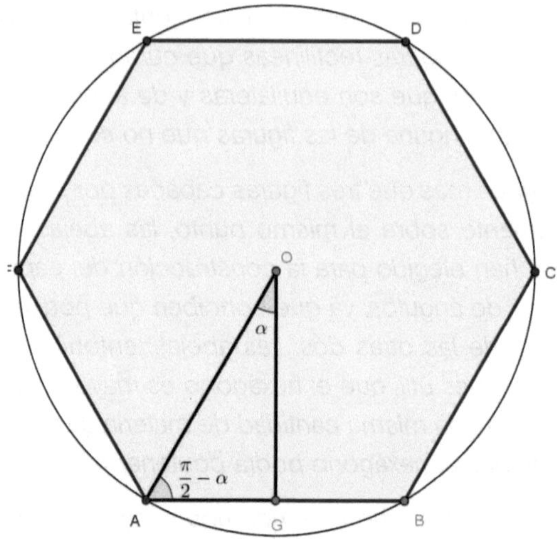

Figura 13.3. *Al ser el polígono de n lados, se tendrá que el ángulo α = ángulo(AOG) = π/n, pues $2n\alpha = 2\pi$.*

Ahora, usando la geometría elemental, llegamos a que el área y el perímetro de un polígono de *n* lados son:

Área $= A(n) = n \cdot \frac{1}{2} \cdot 2x \cdot a = nr^2 \operatorname{sen}\frac{\pi}{n} \cos\frac{\pi}{n}$

Perímetro $= P(n) = 2nx = 2\text{nr} \operatorname{sen}\frac{\pi}{n}$

Aquí, hemos utilizado que $x = r \operatorname{sen}\frac{\pi}{n}$ y $a = r \cos\frac{\pi}{n}$.

Por tanto, la relación entre el área y el perímetro sería la siguiente:

$$R(n) = \frac{A(n)}{P(n)} = \frac{r}{2} \cos\frac{\pi}{n}$$

Cuando el número de lados *n* se va haciendo más grande, el valor de *R*(*n*) va creciendo.

La conclusión que extraemos es que, cuantos más lados tenga un polígono, tendrá más área para un perímetro fijado, o de un modo dual, tendrá menor perímetro para un área fijada.

Esta es una de las razones por las que las abejas prefieren los hexágonos a los cuadrados o triángulos, pues utilizarán menos cera manteniendo el área de almacenamiento. Pero por este mismo razonamiento, quizá preferirían polígonos con más lados... Sin embargo, solamente hay tres polígonos regulares con los que se puede teselar el plano, es decir, embaldosarlo sin dejar espacios vacíos. Son precisamente los triángulos equiláteros, los cuadrados y los hexágonos regulares.

La demostración es sencilla. Usando la geometría elemental podemos calcular que el valor del ángulo interior de un polígono regular de n lados es igual a:

$$\beta = \pi \cdot \frac{n-2}{n}$$

Imaginemos ahora que se pudiera teselar el plano con polígonos regulares y que, en cada vértice, confluyesen N polígonos. Esto significa que los ángulos interiores de dichos polígonos deben ser iguales a $\frac{2\pi}{N}$; pero este debe ser igual a $\beta = \pi \cdot \frac{n-2}{n}$.

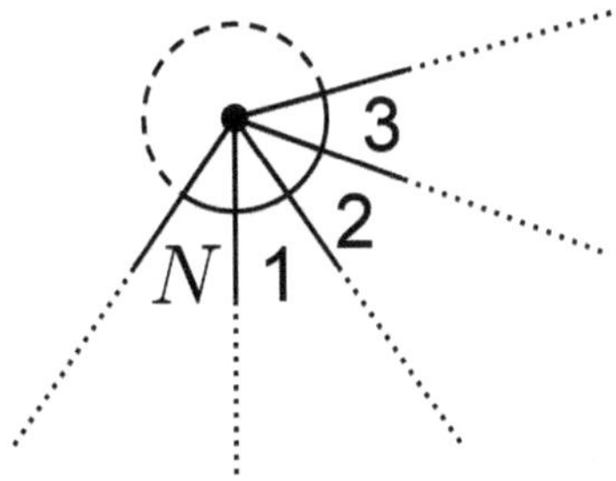

Figura 13.4. *N polígonos confluyen en un vértice.*

Así llegamos a que $\frac{2\pi}{N} = \pi \cdot \frac{n-2}{n}$ y, por tanto,

$$N = \frac{2n}{n-2} = 2 + \frac{4}{n-2}$$

Esta última relación fuerza, al tener que ser $\frac{4}{n-2}$ un número natural positivo, que los únicos valores posibles sean 3, 4 y 6; es decir, los triángulos equiláteros, los cuadrados y los hexágonos regulares.

Concluimos entonces que las abejas aciertan en elegir el hexágono regular sobre los cuadrados o triángulos regulares economizando la cera para construir el panal, logrando de esta manera que cubra la mayor área posible y, así, almacenar más miel. Podemos, en este punto, enunciar la siguiente conjetura.

Conjetura del panal de abejas

Cualquier partición del plano en regiones de igual área tiene como mínimo el mismo perímetro que la división realizada con hexágonos regulares.

Figura 13.5. *Embaldosado del plano con polígonos no regulares.*

Sin embargo, un matemático, aunque admirando la sagacidad de las abejas, todavía no puede considerar el problema resuelto, pues ¿por qué limitarse a polígonos regulares? Quizá podría conseguirse la solución tomando un embaldosado del plano que no esté formado por polígonos regulares (véase la Figura 13.5).

Si admitimos en toda su generalidad el problema, se vuelve extremadamente difícil de probar. Uno de los grandes pasos en la prueba lo dio el matemático húngaro **László Fejes Tóth** (1915-2005) que, en 1943, demostró que los hexágonos regulares son óptimos para las teselaciones por figuras convexas. Solamente, en 1999, el matemático norteamericano Thomas C. Hales (1958-), de la Universidad de Pittsburgh, logró probar la conjetura del panal en toda su generalidad. Así pues, las abejas aciertan al elegir el hexágono sobre otras figuras.

Acabamos de ver que las celdas, por la parte de delante, exhiben la estructura hexagonal, pero al ser una construcción tridimensional, también es muy curiosa la estructura que tienen por detrás, donde aparece un final en tres rombos iguales (ver la Figura 13.6). Estas celdas están ligeramente inclinadas para que no se vierta su contenido cuando estén llenas de néctar. Además, su tamaño no es igual pues algunas son más amplias que otras.

Esto parece que tiene gran importancia para decidir el sexo de los huevos que estén en su interior. Recordemos que la abeja reina, tras su vuelo nupcial, regresa a la colmena con un depósito lleno de los espermatozoides del zángano, la espermateca. Si la celda es ligeramente más grande, al introducir la reina su abdomen en ella no se comprime lo suficiente la espermateca y, por tanto, no libera espermatozoides.

Así, no quedan fecundados los huevos y dan lugar a individuos machos, los zánganos (como hemos visto, tenían madre pero no padre). Sin embargo, en las celdas más pequeñas sí se comprime el abdomen y, por tanto, la espermateca deja escapar espermatozoides, fecundando los huevos de su interior.

En este caso, los individuos resultantes serán hembras. La futura reina será alimentada siempre con jalea real, lo que la diferenciará de las otras abejas hembras, las obreras, que solo tomarán jalea en los días iniciales, lo que no les permitirá desarrollar los ovarios totalmente y serán, por ello, inicialmente estériles.

Fijémonos en las matemáticas de su estructura tridimensional y esa conexión entre ellas, como vemos en las siguientes figuras.

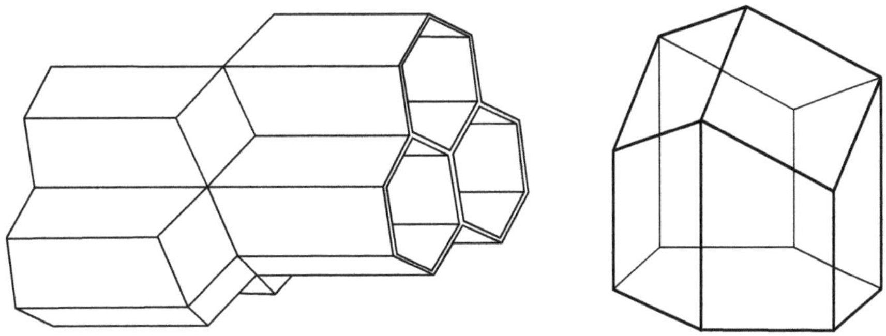

Figura 13.6. *Cierre de las celdas de un panal.*

Vemos que las celdas opuestas se unen por rombos. ¿Habrá también alguna causa matemática para escoger esta forma de conexión entre los prismas? El gran matemático y astrónomo alemán, Johannes Kepler, pensó que la estructura de estos rombos debía estar relacionada con el **dodecaedro rómbico**, un poliedro convexo cuyas doce caras son rombos. El dodecaedro rómbico tiene la característica de llenar completamente el espacio cuando se reúnen varios de ellos, al igual que los hexágonos regulares llenan el plano. Se puede calcular que el ángulo agudo de los rombos que lo conforman es, aproximadamente, de 70° 32'; y el obtuso, de 109° 28'.

Más tarde, René Antoine Ferchault de Réaumur, un científico francés especialmente interesado en el estudio de los insectos y en la Geometría (¡qué oportuno!), pensó también acertadamente que la estructura rómbica tenía que ver con el ahorro de la cera para construir la celda. Aplicando el cálculo diferencial recientemente desarrollado por Newton y Leibniz, se pudo comprobar, más tarde, que los ángulos del dodecaedro rómbico correspondían a los ángulos de las celdas del panal. Se aplicó para ello un principio de minimización, entre todos los posibles finales rómbicos.

El lenguaje de las abejas

Pasemos a otro de los aspectos más interesantes y sorprendentes de las abejas, la comunicación entre ellas. Cuando una abeja encuentra una fuente de alimento vuelve a la colmena y comunica este hallazgo al resto de las abejas. Las abejas, exceptuando las televisivas, no hablan, entonces ¿cómo se realiza esta comunicación? Hay distintas teorías, pero nos detendremos en una de las más bonitas desde el punto de vista estético y, por tanto, matemático. Hablamos de la danza de las abejas.

La abeja con la información sobre la fuente alimentaria entra en el interior de la colmena e intenta excitar a las abejas que encuentra para que salgan de la colmena para ir a dicha fuente; para ello hace bailes en círculo o en ocho. Con la danza, junto al meneo del abdomen y la información química, transmite además unos datos precisos acerca de la distancia, la dirección e incluso el tipo de alimento que ha encontrado. El ángulo de la danza comunica la posición de las flores en relación con el Sol, mientras que la duración indica la distancia al panal.

El biólogo austriaco Karl von Frisch descubrió este sorprendente comportamiento de las abejas y, además, fue merecedor del Premio Nobel de Fisiología y Medicina en el año 1973.

Las abejas están comunicando la posición de un punto del plano, la fuente alimentaria, utilizando dos parámetros: una distancia y un ángulo, en vez de usar las más habituales coordenadas rectangulares. Lo que la abeja está empleando es la representación en **coordenadas polares** de un punto del plano. La idea de estas coordenadas consiste en fijar un eje o rayo que sale de un punto. Cada punto del plano se determina con su distancia con el origen y el ángulo relativo con el eje fijado.

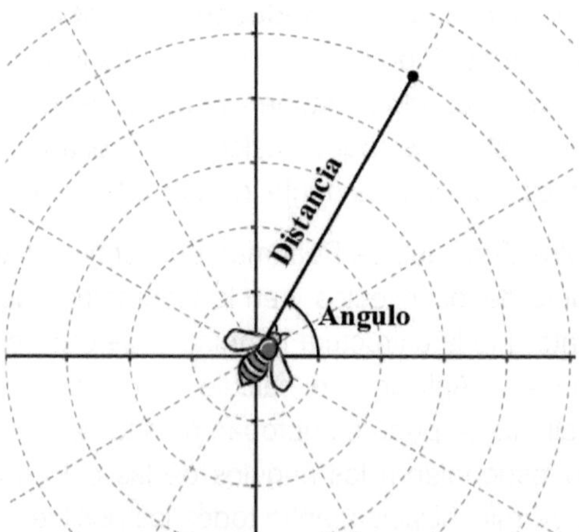

Figura 13.7. *Abejas y coordenadas polares.*

A modo de conclusión, vemos que la observación con ojos matemáticos del mundo que nos rodea nos ayuda a realzar aún más la belleza de la naturaleza, y puede servir asimismo como un elemento útil para aumentar el aprecio por las Matemáticas de los estudiantes y de la sociedad en general. Todo esto nos lo enseñaron grandes maestros como Martin Gardner.

Agradecimientos

Gracias a María Moreno Warleta por la cuidadosa lectura y las sugerencias que han contribuido a mejorar el texto final.

Lecturas recomendadas, y más...

[1] Adam J. A.: *Mathematics in Nature. Modeling Patterns in the Natural Word.* Princeton University Press, 2006.

[2] Gardner, M.: *Circo matemático.* Alianza Editorial, 1995.

[3] Hales, T. C.: "Cannonballs and Honeycombs". *Notices Amer. Math. Soc.*, 47, 440-449, 2000.

[4] Martín de Diego, D.: *Princesas, abejas y Matemáticas.* Colección "Qué sabemos de", La Catarata-CSIC, 2012.

[5] Montesdeoca, A.: *Las abejas utilizan ciegamente las matemáticas.* Apuntes de Geometría, 1998.

[6] Pappus de Alejandría: *La Colección Matemática*, circa 340 d. C.

[7] Stewart, I.: *Historia de las Matemáticas en los últimos 10.000 años.* Drakontos, Crítica, 2008.

[8] Von Frisch, K.: *Decoding the Language of the Bee*, Conferencia para el Premio Nobel, 12 de diciembre de 1973.

Capítulo catorce

Pasión por Alicia

Marta Macho Stadler

¡Cuánto se ha escrito sobre la *Alicia* de Lewis Carroll[19]! Numerosas versiones han ido apareciendo en formatos variados: cine, teatro, ópera, musical, *ballet*, series de televisión, parodias, dibujos animados, poesía, ensayo, videojuegos, artes plásticas, etc. En esta nota, os voy a hablar de algunas de estas propuestas.

Martin Gardner realizó una edición especial de *Alicia en el País de las Maravillas* y *Alicia a través del espejo*, con ilustraciones de John Tenniel[20]: *Alicia anotada* [1]. En esas notas, Gardner aclaraba, explicaba y matizaba algunos detalles del complejo texto de Lewis Carroll: los giros, los dobles sentidos, los juegos lógicos o las bromas están muy vinculadas a la época, el idioma, e incluso el lugar de residencia de su autor.

Gardner finaliza la introducción de *Alicia anotada* con este párrafo [1, pág. 16]:

> "Las aventuras de Alicia en el país de las maravillas y a través del espejo son dos incomparables bromas que el reverendo C. L. Dodgson, durante el descanso mental de sus tareas en la *Christ Church*, ofreció a Limpang-Tung[21]".

El especialista en ciencias de la información Warren Weaver (1894-1978) promovió la investigación para el desarrollo de sistemas de traducción automática, tras un informe realizado para la Fundación Rockefeller, en el que señalaba una analogía entre la descodificación mecánica y la traducción.

Fascinado por *Alicia en el País de las Maravillas*, acumuló una colección de ciento sesenta versiones del libro en cuarenta y dos lenguas. En 1964 escribió el libro *Alice in many tongues; the translations of Alice in Wonderland* [5], en el que recorría la historia de las diferentes traducciones de esta obra, y proponía una manera de evaluar la calidad de las distintas versiones, estudiando las bromas y giros de *Una merienda de locos*. El siguiente extracto [1, pág. 91] forma parte de este capítulo de la obra de Carroll:

---

[19] Lewis Carroll (1832-1898) –pseudónimo del matemático, fotógrafo, escritor y diácono británico Charles Lutwidge Dodgson– terminó en 1864 esta joya de la literatura dominada por el juego de la lógica. Regaló el manuscrito ilustrado por él mismo a la niña que le inspiró, Alice Liddell.

[20] John Tenniel (1820-1914) fue un dibujante inglés, recordado por su trabajo como ilustrador de *Alicia en el País de las Maravillas* y *A través del espejo y lo que Alicia encontró allí*, ambas obras de Lewis Carroll.

[21] *Los dioses de Pegāna* es una colección de relatos fantásticos del escritor Lord Dunsany (1878-1957), publicada en 1905. *Limpang-Tung* es el Señor de la Alegría y los Ministerios Melodiosos.

—Creo que esa la sé —añadió en voz alta.

—¿Quieres decir que crees que sabes la solución? —dijo la Liebre de Marzo.

—Exactamente —dijo Alicia—.

—Entonces debes decir lo que piensas —prosiguió la Liebre de Marzo.

—Lo hago —replicó Alicia apresuradamente—; al menos..., al menos pienso lo que digo..., que es lo mismo.

—¡Ni mucho menos! —dijo el Sombrerero—. ¡Vamos, es como si dijeses que "veo lo que como" es lo mismo que "como lo que veo"!

—¡Es como si dijeses! —añadió la Liebre de Marzo— ¡que "me gusta lo que tengo" es lo mismo que "tengo lo que me gusta"!

—¡Es como si dijeses —añadió el Lirón, que pareció hablar en sueños— que "respiro cuando duermo" es lo mismo que "duermo cuando respiro"!

—Será lo mismo para ti —dijo el Sombrerero—; y aquí cesó la conversación, y el grupo se quedó en silencio durante un minuto, mientras Alicia repasaba todo lo que recordaba sobre cuervos y escritorios, lo cual no era mucho.

Figura 14.1. *Una merienda de locos, ilustración original (1865) de John Tenniel para "Alice's Adventures in Wonderland", de Lewis Carroll.*

La *nictografía*[22] es una forma de taquigrafía creada Lewis Carroll en 1891.

[22] Se atribuye a Julien Leroy el título de propiedad –durante cinco años– de un invento para el *arte de escribir sin la ayuda de los ojos* ["Ordonnance du Roi portant Proclamation des Brevets d'invention, de perfectionnement et d'importation, délivrés pendant le troisième trimestre de 1815", *Bulletin des lois*, 30 octobre 1815]: el *nyctographe*. Más tarde, Jacques Dejernon obtendrá otro título de propiedad para cinco años ["Ordonnance du Roi portant Proclamation des Brevets d'invention, de perfectionnement et d'importation, délivrés pendant le troisième trimestre de 1819", *Bulletin des lois*, 13 octobre 1819], que llama de la misma manera que Leroy, y que estaba destinado a facilitar la escritura de las personas invidentes.

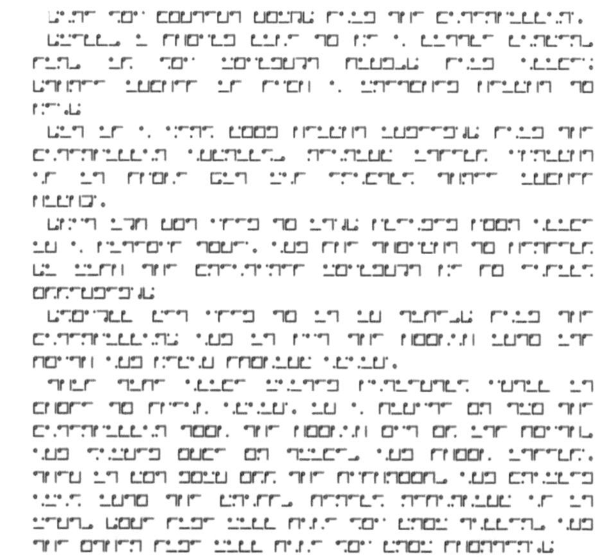

Figura 14.2. *Nictografía.*

Carroll inventó este sistema porque se despertaba con frecuencia durante la noche y deseaba anotar rápidamente los pensamientos que le venían a la cabeza, sin tener que perder el tiempo en encender una lámpara para apagarla poco después.

A partir de la descripción dada por el propio Carroll en alguna de sus cartas, parece que su *aparato para escribir a oscuras*[23]constaba de una única línea formada por 16 casillas cortadas a partir de un trozo de cartón. Carroll colocaba el aparato sobre la hoja de un cuaderno, dibujaba un símbolo en el agujero determinado por cada casilla y, a continuación, movía la tarjeta verticalmente hacia abajo sobre la hoja para comenzar con la siguiente línea: así, el escritor podía transcribir al día siguiente el texto redactado.

En 2011 se publicó *Alice's Adventures in Wonderland: An Edition Printed in the Nyctographic Square Alphabet devised by Lewis Carroll* [2], es decir, el libro de Alicia escrito en el lenguaje inventado por Carroll.

Juan Luis Roldán Calzado[24] publicó en 2012 el delicioso cuento *Lea(h)* [4], con las preciosas ilustraciones de Ángel eFe. Juan Luis presenta así su *Lea(h)*:

---

[23] Disponible en http://www.lewiscarroll.org/2012/02/07/alices-adventures-in-carrolls-own-square-alphabet/.

[24] Juan Luis Roldán Calzado es profesor de Matemáticas en el IES San Juan Bautista, en Madrid, y responsable de los blogs *Espejo lúdico* –problemas de ingenio, ambigramas, ilusiones–, *Ilusionario* –ilusiones ópticas– y *Breveces* –aforismos y microrrelatos.

Lea(h) narra el viaje de una chica por un barrio lleno de tiendas absurdas donde reina el ingenio, por lo que el texto incluye más de un centenar de acertijos, juegos de palabras, imágenes con truco. Hay que estar atentos, porque en Lea(h) casi todo tiene una segunda intención...

Lea(h) es una niña que recuerda mucho a Alicia, y que resuelve enigmas con ayuda de las Matemáticas. Por cierto, Alicia también usa las Matemáticas en la *Historia de la Falsa Tortuga* [1, pág. 123], que finaliza con un pequeño cálculo descendente:

Figura 14.3. *Alicia y el Grifo escuchan la canción de la Falsa Tortuga, ilustración original (1865) de John Tenniel para "Alice's Adventures in Wonderland", de Lewis Carroll.*

—¿Y cuántas horas de clase daban al día? —dijo Alicia, apresurándose a cambiar de tema.

—El primer día diez horas —dijo la Falsa Tortuga—; el siguiente, nueve, y así sucesivamente.

—¡Qué horario más extraño! —exclamó Alicia.

—Por eso las materias se llaman disciplinas —subrayó el Grifo—:porque disminuyen de día en día.

Esta idea era completamente nueva para Alicia, y estuvo dándole vueltas antes de hacer la siguiente observación:

—Entonces, el undécimo día no habría clase, ¿no?

—Pues claro que no —dijo la Falsa Tortuga.

—Y el duodécimo día, ¿qué?—prosiguió Alicia interesada.

—Ya basta de hablar de clases —interrumpió el Grifo tajante—. Cuéntale ahora algo sobre los juegos.

Figura 14.4. *Mi ejemplar de "Alicia volátil", de Sofía Rhei.*

Sofía Rhei dibuja en su poemario *Alicia volátil* [3] a otra Alicia: Alice[25] es ya una mujer y el reverendo Dodgson un hombre mayor. Intercambian una serie de cartas en las que recuerdan el pasado –ella reprocha, él ya no la reconoce–, y Dodgson desliza la última de ellas por detrás del azogue de un espejo en vez de enviarla. Esta decisión desencadena la fusión de todas 'las Alicias': la niña, la adolescente y la adulta entran en el País de las Maravillas, saltando de una edad a otra y revelando sus vivencias más íntimas [3, pág. 17]:

> *[...] Es tan extraño que sea historia antigua*
> *lo que siempre estuvo del lado del futuro.*
> *¿Con qué extraña precisión pudiste cambiar*
> *mi rostro, mi sonrisa, mi mirada,*
> *lo que yo había sido?*
>
> *No solo imaginaste mi caída:*
>
> *Me dejaste caer.*

Prologado por la poeta Amalia Iglesias Serna y con ilustraciones de Sofía Rhei, Ignacio Vleming y Lewis Carroll, el poemario contiene entre sus páginas el material necesario para construir unas gafas anaglifo. En efecto, basta con recortar la cartulina decorada incluida en el libro, pegar los trozos de celofán azul y rojo en el lugar correspondiente, y todo queda dispuesto para empezar a leer.

Alicia volátil se proclama en la contraportada como "poesía en tres dimensiones", con minuciosas instrucciones de uso:

---

[25] Alice Liddell, la musa de Carroll.

1. *Abra el libro.*

   Recorte y póngase las gafas.

2. *Cierre uno de sus ojos.*

   Lea un poema.

3. *Cierre el ojo contrario.*

   Vuelva a leer el mismo poema.

4. *Abra los dos ojos.*

   Lea el poema en su tercera dimensión.

Las ilustraciones y las palabras están teñidas en rojo y azul. Con las gafas en 3D ya colocadas, siguiendo escrupulosamente las instrucciones de la contraportada, cerrando el ojo derecho –en mis gafas, corresponden al cristal azul– se ve solo lo que está impreso en rojo, y cerrando el ojo izquierdo, se distingue únicamente lo marcado en azul. Además, abriendo los dos ojos aparecen texto e imágenes saliendo del plano de la hoja.

Sesenta y cuatro 'Alicias' componen este poemario, que van pasando por diferentes edades, facetas, deseos, desencantos, apetitos, matices, individualidades, sensaciones, alegrías, decepciones, pasiones, miedos... Al igual que en el libro de Carroll, Alicia sufre continuas metamorfosis; en este caso simbolizan los cambios en su cuerpo y en su mente con el paso de los años. Algunas de las protagonistas son Alicia Perpleja, Alicia Rodante, Alicia Ícaro, Alicia Evanescente, Alicia Einstein, Alicia Múltiple, Alicia de Diamantes, Alicia Anciana, Alicia Hamlet, Alicia Retráctil, Alicia Moebius, Alicia de Seda, Alicia Dédalo o Alicia Newton. De esta última son los siguientes versos [3, pág. 22]:

Nunca podré decidir lo que es arriba.
Lo que es abajo:
si yo soy la manzana,
¿quién me estará mirando para saberme,
para entender el universo a partir de mi caída?

Si soy la que se hunde,
si todo gira conmigo,
no sé hacia dónde estoy cayendo.

Alicia volátil es un poemario para leer y tocar: no solo sus palabras son intensas, el diseño del libro es un regalo: el color de las hojas varía del crema al azul o el rosa, y sus letras e ilustraciones cambian del azul al rojo y del rojo al azul.

Figura 14.5. *Alicia atravesando el espejo, ilustración original (1871) de John Tenniel para "Through the Looking-Glass" de Lewis Carroll.*

Para finalizar, incluyo un extracto de *Alicia Reina* [1, pp. 298-299] de *A través del espejo*, en el que la Reina Roja y la Reina Blanca interrogan a Alicia sobre sus capacidades en cálculo:

La Reina Roja rompió este silencio diciéndole a la Reina Blanca: "Te invito al banquete que va a dar Alicia esta tarde".

La Reina Blanca sonrió débilmente, y dijo:

"Y yo a ti".

–No sabía que fuera a dar un banquete –dijo Alicia–; pero si es así, creo que soy yo quien debería invitar.

–Te hemos dado la oportunidad de hacerlo –comentó la Reina Roja–; pero quizá no te han dado todavía bastantes clases de modales, ¿verdad?

–No se dan clases de modales –dijo Alicia–. Las clases son para enseñar a sumar y cosas por el estilo.

–¿Sabes la Adición? –preguntó la Reina Blanca–. ¿Cuántos hacen uno más uno más uno más uno más uno más uno más uno más uno más uno más uno?

–No lo sé –dijo Alicia–. He perdido la cuenta.

–No sabe la Adición –terció la Reina Roja–. ¿Sabes la Sustracción? Resta nueve de ocho.

–No se pueden restar nueve de ocho –replicó Alicia con presteza–: pero...

–No sabe la Sustracción –dijo la Reina Blanca–. ¿Sabes la División? A ver, divide un pan con un cuchillo..., ¿qué resultado te dará?

– Creo... –empezó Alicia, pero la Reina Blanca contestó por ella: "Pan-con-mantequilla, naturalmente. Prueba a calcular otra Sustracción. Quítale el hueso a un perro; ¿qué os queda?"..

Alicia reflexionó: "El hueso no quedaría, naturalmente, si se lo quito..., y el perro tampoco, porque echaría a correr detrás de mí para morderme... ¡y desde luego, yo tampoco!".

–Entonces, ¿crees que no quedaría nada? –dijo la Reina Roja.

– Creo que ese sería el resultado.

– Mal, como siempre –dijo la Reina Roja–: quedarían los estribos del perro.

–Pero no veo cómo...

–¡Pues escucha! –gritó la Reina Roja–: el perro perdería los estribos, ¿no es así?

–Seguramente –contestó Alicia con cautela.

–¡Así que si se fuera el perro, se quedarían los estribos! –exclamó triunfal la Reina.

Alicia dijo lo más gravemente que pudo: "Puede que se fueran en otra dirección". Pero no pudo por menos de pensar: "¡Cuántas tonterías estamos diciendo!".

–¡No sabe ni jota de operaciones! –dijeron las Reinas a la vez, con mucho énfasis.

–¿Sabéis vos hacer operaciones? –dijo Alicia, volviéndose de repente hacia la Reina Blanca, ya que no le gustaba que la criticasen tanto.

La Reina abrió la boca y cerró los ojos: "Sé la Adición –dijo–, si me das tiempo..., ¡pero no haré una Sustracción bajo ningún concepto!

¿Cómo no sentir *Pasión por Alicia*?

Lecturas recomendadas, y más...

[1] Carroll, L.: *Alicia anotada: Alicia en el país de las maravillas. A través del espejo.* Edición de Martin Gardner. Traducción de Francisco Torres Oliver. Colección Grandes Libros, Ediciones Akal, 1998.

[2] Carroll, L.: Tenniel, John: *Alice's Adventures in Wonderland: An edition printed in the Nyctographic Square Alphabet devised by Lewis.* Prólogo de Alan Tannenbaum. Ilustrado por John Tenniel. Cathair na Mart, Evertype, 2011.

[3] Rhei, S.: *Alicia volátil.* Cangrejo Pistolero Ediciones, 2010.

[4] Roldán Calzado, J. L.: *Lea(h).* Ilustrado por Ángel eFe. Se puede descargar gratuitamente en http://www.creadotecnia.es/descargas/lea(h).pdf, 2012.

[5] Weaver, W.: *Alice in many tongues: the translations of Alice in Wonderland.* University of Wisconsin Press, 1964.

Sobre los autores

Adrián Paenza (Buenos Aires, 1949) es periodista y doctor en Matemáticas por la Universidad de Buenos Aires, donde fue profesor desde 1979 hasta 2002. Simultáneamente, se convirtió en uno de los referentes del periodismo de su país. Fue columnista del diario deportivo *Olé*, colaboró con *Clarín* y *La Nación* y actualmente escribe la contraportada dominical de *Página/12*. Trabajó como presentador de televisión desde el año 1972: los dos programas más recientes fueron "Científicos Industria Argentina" (2003-2016) y "Alterados por Pi" (2006-2016), exclusivamente dedicado a las Matemáticas.

Su trayectoria periodística y divulgadora ha sido premiada en numerosas ocasiones. Recibió el Premio Leelavati al Mejor Comunicador de Matemática del Mundo por su destacada contribución en la difusión pública de las Matemáticas en el Congreso Internacional de Matemáticos de 2014. Es autor de más de una docena libros de divulgación como, por ejemplo, cinco volúmenes de "Matemática... ¿estás ahí?", que se convirtió en la obra de no ficción más vendida de su país.

Eduardo Sáenz de Cabezón (Logroño, 1972) es matemático. Forma parte del Departamento de Matemáticas y Computación de la Universidad de La Rioja, donde imparte clases en distintas titulaciones e investiga en Álgebra Conmutativa Computacional y Combinatoria Algebraica.

Realiza una intensa labor de divulgación de las Matemáticas a través de charlas, talleres y conferencias así como en colaboraciones en prensa, radio y televisión. Es miembro del grupo de monologuistas científicos "Big Van, Científicos sobre Ruedas". Le puedes ver en YouTube en el canal Derivando y es autor del libro *Inteligencia Matemática*.

Mercedes Sánchez Benito (Logroño, 1955) es catedrática de Matemáticas de Educación Secundaria y profesora asociada del Departamento de Matemática Aplicada de la Facultad de Matemáticas de la UCM. A lo largo de muchos años ha compatibilizado la enseñanza en el Instituto y en la Universidad. Además de su trabajo, realiza otras tareas matemáticas altamente gratificantes con ánimo de fomentar su estudio y su divulgación participando en la Comisión de Olimpiadas de la RSME, en la organización del Concurso de Primavera de Matemáticas de la Comunidad de Madrid y en el Proyecto ESTALMAT en Madrid desde hace muchos años.

Antonio Pérez Sanz (Valdeavero, 1954) es catedrático de Matemáticas de Educación Secundaria, jubilado.

Reparte sus inquietudes entre la Historia de las Matemáticas (dirigió la colección "La matemática en sus personajes", de la editorial Nivola), la divulgación matemática (es autor de artículos y libros como *Matecuentos, cuentamates* [Nivola], *Más por menos, entender las matemáticas* [Espasa], *El oro de Newton* [Liber Factory]) y las incursiones en televisión (es autor y guionista de las series de matemáticas *Más por Menos* y *Universo matemático*, emitidas por RTVE).

Josep Lluís Pol i Llompart (Mallorca, 1964) es licenciado en Ciencias Químicas por la Universitat de les Illes Balears. Es profesor de Matemáticas del IES Marratxí y hasta el año 2016 ha sido profesor en el Máster del Profesorado de Secundaria. Fundador del CentMat (Centre d'Aprenentatge Cientificomatemàtic), su pasión es la divulgación de las Matemáticas y su presencia en la vida cotidiana, divulgación que lleva a buen puerto gracias a la compañía de sus amigos y amigas de la Societat Balear de Matemàtiques SBM-Xeix.

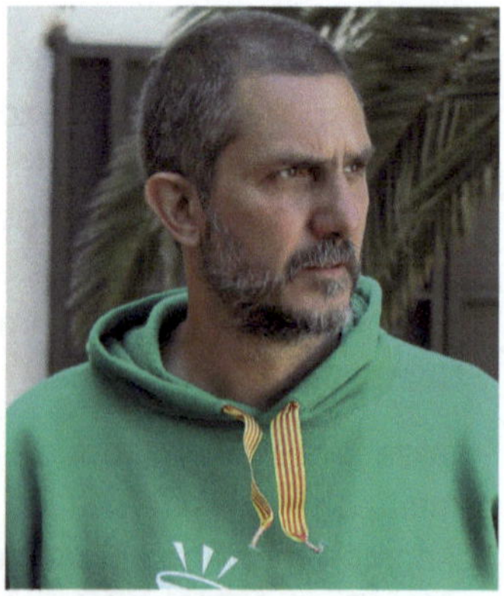

Juan M. R. Parrondo (Madrid, 1964) es catedrático de Física de la Universidad Complutense de Madrid e investigador de ComplejiMad y del Grupo Interdisciplinar de Sistemas Complejos (GISC). Sus principales líneas de investigación son los Sistemas con Fluctuaciones y la Fundamentación de la Física Estadística. Ha realizado también una importante labor de divulgación al ser responsable, de 2001 a 2008, de la sección Juegos matemáticos en *Investigación y Ciencia*, la misma sección, en su versión en español, que Martin Gardner escribió en *Scientific American* de 1956 a 1986.

Natalia de Lucas Alonso (Guadalajara, 1976) es licenciada en Matemáticas por la Universidad Complutense de Madrid, con la especialidad de Astronomía y Geodesia. Es profesora de Secundaria, actualmente en el IES Alejo Vera (Marchamalo, Guadalajara). Es además presidenta de la asociación de papiroflexia de Guadalajara ORIGAMIGU, e imparte numerosos talleres tanto de papiroflexia como de ciencias.

Como divulgadora científica ha participado en numerosas ferias de la ciencia, y ha colaborado en medios de comunicación locales y en diversos programas de radio nacionales, que es lo que más le gusta. Ha sido premiada junto con sus alumnos en varios concursos científicos nacionales como Ciencia en Acción, y también ha participado en concursos internacionales. En la actualidad compagina su tarea docente con la formación a profesores en proyectos de innovación con las labores de divulgación.

Marco Castrillón (Madrid, 1972) es licenciado en Ciencias Matemáticas y en Ciencias Físicas y doctor en Ciencias Matemáticas. Es profesor titular en Geometría y Topología de la Universidad Complutense de Madrid. Su área de investigación es la Geometría Diferencial con aplicaciones a modelos de Mecánica y Teoría Clásica de Campos. Es además profesor desde su creación del proyecto ESTALMAT de detección y estímulo del talento matemático de la Real Academia de Ciencias, así como miembro de la Comisión de Olimpiadas de la Real Sociedad Matemática Española.

Nelo Alberto Maestre Blanco (Madrid, 1980) se licenció en Matemáticas por la Universidad Complutense de Madrid. Es conferenciante, profesor, formador de docentes y mago profesional. Se inició en el mundo del espectáculo en el año 2000 y desde entonces ha colaborado en televisión, teatro y espectáculos de magia. En el ámbito educativo destaca su especialidad en atención al alumnado de altas capacidades, siendo profesor del proyecto ESTALMAT.

Actualmente es director de Divermates, un equipo de matemáticos, magos y gente del mundo de la educación que se dedica a divulgar las Matemáticas.

Bartolo Luque (Barcelona, 1966) es doctor en Físicas por la UPC y profesor de Matemática Aplicada en la ETSI Aeronáutica y del Espacio de la UPM.

Ha escrito más de un centenar de artículos de divulgación científica y media docena de libros. Además de su pasión divulgadora, investiga en Sistemas Complejos, Teoría de Números y el desarrollo de nuevas herramientas de Análisis de Series Temporales. Ha publicado sobre estos temas más de cincuenta artículos en revistas internacionales como *Nature*, *PNAS* o *PRL*.

Carlos Angosto (Cartagena, 1980) es doctor en Matemáticas por la Universidad de Murcia y profesor de la Universidad Politécnica de Cartagena. Experto en el Cubo de Rubik, disciplina en la que ha sido tres veces campeón de España en la modalidad de resolución a ciegas. Es el autor de la página web www.rubikaz.com dedicada al cubo de Rubik y del blog www.zurditorium.com sobre Matemáticas. Participa en talleres de Matemáticas orientados a colegios e institutos desde una perspectiva lúdica.

Vicente Muñoz (Madrid, 1971) es catedrático de Geometría y Topología en la Universidad Complutense de Madrid. Obtuvo su doctorado por la Universidad de Oxford en 1996 bajo la supervisión del profesor Simon Donaldson. Trabaja en las áreas de Geometría Diferencial, Geometría Algebraica y Topología Algebraica. Tiene más de noventa artículos de investigación publicados, y ha dirigido cuatro tesis doctorales.

Participa habitualmente en tareas de divulgación y docencia y es autor de los libros *Formas que se deforman* (RBA) y *Topología Algebraica* (Sanz y Torres).

David Martín de Diego (Madrid, 1967) es doctor en Ciencias Matemáticas e investigador del CSIC en el Instituto de Ciencias Matemáticas de Madrid, donde trabaja en el área de Mecánica Geométrica. Es autor de numerosos artículos científicos y ha organizado distintos congresos internacionales. Entre otras actividades, fue director de *La Gaceta* de la RSME y actualmente es vicepresidente de la RSME y vicedirector del Instituto de Ciencias Matemáticas (ICMAT).

Dedica parte de su tiempo a la divulgación de la ciencia y, en concreto, de las Matemáticas, actividad con la que disfruta pero que además considera una obligación de todo investigador. Es autor de dos libros, *Matemáticas del Sistema Solar* (junto a M. de León y J. C. Marrero) y *Princesas, abejas y matemáticas.*

Marta Macho Stadler (Bilbao, 1962) es doctora en Matemáticas por la Universidad Claude Bernard de Lyon (Francia). Es además profesora agregada en la Universidad del País Vasco (UPV/EHU). Edita el blog *Mujeres con ciencia* de la Cátedra de Cultura Científica de la UPV/EHU. Ha sido galardonada con el Premio igUAldad 2015 de la Universidad de Alicante, la Medalla de la Real Sociedad Matemática Española en 2015 y el Premio Emakunde a la Igualdad en 2016.

Fernando Blasco (Madrid, 1968) es doctor en Ciencias Matemáticas por la UCM y profesor de Matemática Aplicada en la UPM.

Es mago aficionado, miembro de la Sociedad Española de Ilusionismo y participa asiduamente como ponente en cursos de formación del profesorado, de monitores de museos científicos y en eventos de divulgación científica, dentro y fuera de España.

También es autor de libros de divulgación y colabora habitualmente con medios de comunicación. Cree que la ciencia debe introducirse como una parte de la cultura.